"十四五"国家重点图书出版规划项目

何建坤 主编

碳达峰与碳中和丛书

国家出版基金项目
NATIONAL PUBLICATION FOUNDATION

城市群碳达峰与协同治理研究

蒋晶晶 唐杰 王东 等 著

东北财经大学出版社
Dongbei University of Finance & Economics Press

大连

图书在版编目（CIP）数据

城市群碳达峰与协同治理研究／蒋晶晶，唐杰，王东等著．一大连：东北财经大学出版社，2022.3

（碳达峰与碳中和丛书）

ISBN 978-7-5654-4438-8

Ⅰ．城… Ⅱ．①蒋… ②唐… ③王… Ⅲ．城市群—二氧化碳—排气—研究—深圳②城市群—环境综合治理—研究—深圳

Ⅳ．①X511②X321.265.3

中国版本图书馆 CIP 数据核字（2022）第 021269 号

东北财经大学出版社出版发行

大连市黑石礁尖山街 217 号　邮政编码　116025

网　　　址：http://www.dufep.cn

读者信箱：dufep@dufe.edu.cn

大连图腾彩色印刷有限公司印刷

幅面尺寸：185mm×260mm　字数：223 千字　印张：15.75

2022 年 3 月第 1 版　　　　2022 年 3 月第 1 次印刷

责任编辑：李　季　王　丽　责任校对：刘东威　吉　扬

　　　　　孟　鑫　　　　　　　　　　　王芃南

封面设计：原　皓　　　　　版式设计：原　皓

定价：69.00 元

总　序

全球正在兴起加速低碳转型的热潮。

新冠肺炎疫情给人类社会造成的影响仍在持续，这场突发的疫情更深层次地触发了人们对生存与发展的思考。疫情下，各国一方面都积极地投入到稳就业、保生产的抗击疫情工作当中，尽量将疫情对生产和生活的冲击与破坏降到最低；另一方面也都努力在可持续发展视角下部署经济的绿色复苏，以更加积极的行动和雄心应对气候变化带来的严峻挑战。

2015 年年底巴黎气候大会达成的《巴黎协定》确立了全球控制温升不超过工业革命前 2℃并努力低于 1.5℃的长期减排目标，并形成了"自下而上"的国家自主贡献（NDC）目标和每 5 年一次的全球集体盘点，以构建全球气候治理体系框架，引领全球向低碳转型。《巴黎协定》要求各缔约方在前一版 NDC 目标基础上提交力度更大的 NDC 更新目标，发挥 NDC 目标的"棘轮"机制以加速全球温室气体减排的进程；同时也要求各缔约方向联合国气候变化框架公约（UNFCCC）提交各自面向 21 世纪中叶的长期低排放发展战略，凝聚各缔约方长期低碳转型的共识，释放全球应对气候变化的长期信号和坚定信心。

越来越多的国家积极提出各自的"净零排放"目标，积极参与到全球"Race to Zero"的浪潮当中。欧盟在 2018 年年底提出了其建成繁荣、现代化、有竞争力和气候中性经济体的长期战略，并努力在 2050 年实现"净零排放"。英国于 2019 年在气候变化委员会（CCC）的建议下，也将 2050 年实现净零排放更新到其《气候变化法案》当中，以法律的形式明确了英国的长期减排目标。在 2020 年 9 月 22 日第七十五届联合国大会一般性辩论中，习近平主席提出了中国积极的新气候目标，力争在 2030 年前实现二氧化碳排放达峰，在 2060 年前实现碳中和，彰显了中国在全球气候治理中负责任大国的形象。其后日本和韩国也陆续提出了各自 2050 年"净零排放"的目标，越来越多的国家也纷纷提出符合各自国情和发展阶段特征的减排目标。

碳中和目标下先进低碳技术创新与竞争将重塑世界格局。人们越来越意识到，实现深度脱碳并不会制约经济社会的发展，先进低碳技术的创新与突破将是未来经济社会发展的重要驱动力，也将是未来国际经济、技术竞争的前沿和热点。欧盟提出 2035 年前要完成深度脱碳关键技术的产业化研发；美国"拜登政府"也计划在氢能、储能和先进核能领域加大研发投入，其目标是将氢能制造成本降到与页岩气相当，电网级化学储能成本降低到当前锂电池的 1/10，小型模块化核反应堆建造成本比当前核电站成本降低 1/2。日本在可再生能源制氢、储存和运输、氢能发电和氢燃料电池汽车等领域都具有优势，其目标是将氢能利用的综合系统成本降低到进口液化天然气的水平。世界各国都争相积极投入并部署先进低碳技术的研发和产业化，这也将对全球加速应对气候变化进程发挥重要的作用。

我国正在积极探索落实 2030 年更新 NDC 目标的行动计划。习近平主席在 2020 年 12 月 12 日的气候雄心峰会上阐述了我国 2030 年更新的 NDC 目标，即单位国内生产总值的二氧化碳排放 2030 年比 2005 年下降 65% 以上，太阳能发电总装机容量超过 12 亿千瓦，非化石能源在一次能源消费中的占比要努力达到 25% 左右。为进一步落实这一目标，2020 年年底的中央经济工作会议将做好碳达峰、碳中和工作列为 2021 年的重点任务，《中华人民共和国国民经济和社会发展第十四个五年规划和 2035 年远景目标纲要》也提出，要"落实 2030 年应对气候变化国家自主贡献目标，制定 2030 年前碳排放达峰行动方案"，"锚定努力争取 2060 年前实现碳中和，采取更加有力的政策和措施"，全面推动绿色发展，促进人与自然和谐共生。以"碳达峰、碳中和"为目标导向，国内正在掀起低碳发展的热潮。

发达国家已经实现了碳达峰，正在努力向"碳中和"目标转型。尽管发达国家碳达峰的发展历程并没有过多地受到全球气候变暖严峻形势的制约，但其发展历程中所产生的宝贵经验和教训值得广大发展中国家借鉴和参考。与此同时，发达国家已经全面建立起温室气体减排的管理能力，其提出的"净零排放"目标和实施路径也具有较高的参考价值，值得发展中国家参考和借鉴。

　　本套"碳达峰与碳中和丛书"，将从多个视角与读者分享低碳知识，既有发达国家"净零排放"的战略、路径和政策，也有其国内低碳发展的优秀案例和宝贵经验，还有各领域各行业的积极做法。希望本丛书能促进我们在低碳实践方面的思考和行动，为我国早日实现"碳达峰、碳中和"目标贡献力量。

何建坤

2021 年 4 月 18 日 于清华园

推荐序

城市让生活更美好。工业文明的技术创新突破了农耕文明对于城市人口空间聚集的约束，越来越多的人口生活和工作在空间高度压缩的城市建成区，城市人口规模突破千万，城市连绵聚合的城市群区域则突破亿级人口规模。农耕文明时代，城市人口占比在 10% 左右；2010 年，全球城市人口占比超过 50%；到 2050 年这一比例可望增至 68% 左右。在城市人口增长和城市化进程推进的同时，超大城市和城市群的涌现是另一个显著趋势。目前全球已有 33 个人口超千万的超大城市（全球约 1/8 的人口居住在这些城市），2030 年超大城市数量预测将达到 43 个，而且新增数量将主要来源于发展中国家和地区。城市和城市群是驱动经济社会发展的核心引擎，也是化石能源的主要消耗者和温室气体排放的主要来源，贡献了全球碳排放总量的约 70%，同时也面临严重的大气污染和其他资源环境问题。

改革开放以来中国经历了人类历史上速度最快、规模最大的城市化进程，形成了一批由若干超大城市和大城市集聚而成的城市群和都市圈，它们成为推动我国区域经济、社会、人口、环境协调发展的重心和动力。粤港澳大湾区是我国开放程度最高、经济活力最强的城市群之一，《粤港澳大湾区发展规划纲要》明确提出要以建设美丽湾区为引领，着力提升生态环境质量，把粤港澳大湾区打造成为我国高质量发展的典范。

我在前不久深圳举办的第九届深圳国际低碳城论坛上指出：碳中和革命的基本问题归结为"123"。其中，"1"就是碳中和的目标导向，碳中和的目标刚性，没有这个目标，我们就不可能有一个比较明确的方向；"2"指两个条件，要"软""硬"兼施，硬技术不可或缺，制度变革的保障也要有，无"软"不成；"3"是指三管齐下，包括通过革命性颠覆性的技术创新从根本上摆脱化石能源碳，依靠改进性的能效提升的技术从个人层面压缩能源总需求规模，以及实现经济社会体制的系统性整体性变革。只有这样，我们才能够顺利地走向碳中和的彼岸。粤港澳大湾区城市群碳达峰碳中和的创新与实践，也需要在"123"的碳中和革命进程中迈开大步，引领前行。

欣闻我的老朋友、深圳市政府原副市长、哈尔滨工业大学（深圳）唐杰教授和他的同事新著的《城市群碳达峰与协同治理研究》即将出版，应唐教授邀请，特为该书写序。唐教授既具有超大城市的治理经验与心得，也有城市研究的学术积淀与追求。该书系统介绍了我国城市群发展现状及其面临的资源环境问题，总结梳理了我国城市和城市群在绿色低碳可持续发展领域进行的一些探索和实践，并对协同促进生态环境质量改善与经济高质量发展的相关理论、方法和模型进行了系统梳理，为分析和研究实际问题提供了理论和方法支撑。在此基础上，该书以粤港澳大湾区四大核心城市之一的深圳为案例，探究超大城市如何通过创新治理体系、加强湾区城市群协同合作实现碳排放达峰和空气质量达标的双重目标，以及如何通过产业转型升级、绿色技术创新实现经济发展和生态环境保护的相互促进。中国的城市建设经历了不同的发展阶段、取得了前所未有的巨大成就，像粤港澳大湾区的香港、澳门、广州，特别是深圳集中体现了我国 40 多年改革开放城市发展的新成就，不仅有很多实践方面的大胆探索，也有很多亟待总结和发展的理论创新和制度安排。开卷受益，收获良多。相信该书能为我国其他城市和城市群提供经验借鉴。

是为序。

潘家华
中国社会科学院学部委员
国家气候变化专家委员会副主任委员

前　言

改革开放以来，中国经济社会发展取得了巨大成就，但快速的工业化和城市化进程也导致了一系列生态环境问题，其中气候变化和大气污染尤为突出。2000 年以来由气候变化所导致的直接经济损失呈明显上升趋势，对经济社会发展产生了不可忽视的负面影响。据亚洲开发银行与波茨坦气候研究所预测，未来仅海平面上升就可能导致我国每年损失 102 平方公里土地，100 多万人口需要因此迁移。严格控制碳排放强度、实现绿色发展已经成为我国解决生态环境问题的关键工作。为实现经济发展与生态环境保护的双赢，党的十八大以来我国明确提出将生态文明建设放在突出位置，推动实现人与自然和谐共生的现代化。在此背景下，探究"碳排放与大气污染物排放的协同治理、经济发展与生态环境保护的协同共进"具有重要理论和现实意义。

2006 年国家"十一五"规划纲要首次提出以城市群为主体形态推进我国城镇化，近年来一批跨省域城市群规划文件相继出台，可见中国传统的省域经济正在向城市群经济转变，城市群将成为驱动我国经济社会发展的核心引擎。但与此同时，城市和城市群也是我国碳排放和大气污染物排放的主要来源，产生了 80% 左右的碳排放量。2020 年全国 337 个地级及以上城市中仍有超过四成城市环境空气质量不达标，与世界卫生组织（WHO）基于健康风险评估的空气质量准则值仍有巨大差距。在积极应对全球气候变化和区域大气污染"联防联控"的政策背景下，"十三五"时期我国即提出要加强碳排放和大气污染物排放的协同治理，实施多污染物协同控制，提高治理措施的针对性和有效性。城市和城市群作为我国生态环境治理的前沿阵地和关键行动单元，应当在探索碳排放与大气污染物排放协同治理的路径中先试先行，积极探索符合我国国情的生态环境协同治理与绿色发展路径。

为了应对气候变化、改善空气质量、促进绿色发展，我国大型城市及城市群陆续颁布并实施了一系列规划文件和相关政策，组织开展了低碳省市试点、碳排放权交易试点、"大气十条"等相关行动，"自上而下"与"自下而上"相结合积极推动绿色低碳可持续发展的路径创新与实践探索。深圳是我国首批低碳城市试点、碳排放权交易试点、新能源汽车示范推广试点等，在绿色低碳可持续发展领域进行了大量实践探索和创新。作为中国特色社会主义先行示范区和国家可持续发展议程创新示范区，深圳致力于打造可持续发展先锋，为落实联合国《2030年可持续发展议程》提供中国经验。深圳所处的粤港澳大湾区是我国经济活力最强的城市群之一，也是我国生态环境质量和绿色低碳发展最优的区域之一，深圳提出将以建设美丽湾区为引领，成为建设美丽中国的典范。本书以深圳和粤港澳大湾区为案例，探究超大城市如何通过创新治理体系、加强城市群协同治理实现碳排放达峰和空气质量改善的双重目标，以及如何通过产业转型升级、绿色技术创新实现经济发展和生态环境保护的相互促进，期望能为我国其他城市和城市群提供借鉴。

本书主要包括三大部分九章。第一部分为第1~3章，系统梳理和介绍中国城市和城市群发展现状、面临的生态环境问题，以及采取的绿色发展战略、政策、试点示范和创新探索。第二部分为第4~5章，介绍近年来不断涌现的生态环境治理与经济高质量发展相关的理论、方法和模型，为分析和解决实际问题提供理论和方法支撑。第三部分为第6~9章，开展关于深圳和粤港澳大湾区城市群的实证研究，并提出政策建议。

作者

2022年1月

目　录

第 1 章　中国城市群发展现状及面临的问题

改革开放 40 多年以来，中国经历了人类历史上速度最快、规模最大的工业化和城市化（又称城镇化）进程。1979 年，我国人口的城镇化率仅为 20% 左右；截至 2019 年年末，我国的城镇常住人口已达 8.48 亿人，城镇化率达到了 60.6%，初步形成了一批由若干特大城市和大城市集聚而成的城市集团，即"城市群"。2006 年国家"十一五"规划纲要首次提出"以城市群为主体形态推进城镇化"。经历 10 余年的发展，城市群的主体形态逐渐清晰，在我国经济版图上的作用日益突显。国家发展和改革委员会（简称国家发展改革委）颁布的《2020 年新型城镇化建设和城乡融合发展重点任务》指出，构建大中小城市和小城镇协调发展的城镇化空间格局，形成高质量发展的动力系统，是我国未来城镇化格局发展的主要战略方向。近年来，成渝、长江中游、哈长、北部湾、兰西等一批跨省域城市群的规划文件相继出台。由此可见，中国传统的省域经济正在向城市群经济转变，城市群将是中国未来经济发展格局中最具潜力的核心地区。

在快速的工业化和城市化进程中，经济活动和人口快速向大城市和城市群集聚，也导致一系列经济社会和生态环境问题，譬如交通堵塞、环境污染、住房拥挤、资源短缺等，这些被称为"大城市病"。"大城市病"若得不到有效解决，将会加重城市负担，引发市民身心疾病，导致城市经济活力和生活质量的衰退，制约城镇化进程和经济社会可持续发展。鉴于此，本书将聚焦我国城市化和城市群发展过程中遇到的资源和环境问题，寻求生态环境与经济高质量增长的协同发展之道，在推动经济不断向前发展的基础上，解决好发展不平衡问题，助力提升发展质量，真正实现城市群的可持续发展，让蓝天白云、绿水青山成为城市居民的生活常态。

1.1 我国城市群发展现状

目前，三大世界级的城市群已然辉耀中国经济版图，它们依次是长江三角洲城市群、粤港澳大湾区城市群和京津冀城市群。三大城市群基本囊括了中国经济发展水平最高的城市，也是中国最具国际性和代表性的城市群。经济总量和人口规模排在三大城市群之后的，依次是以成都、重庆为核心的成渝城市群，以及以武汉、长沙、南昌为核心的长江中游城市群。

除了上述的五大城市群外，《中华人民共和国国民经济和社会发展第十三个五年规划纲要》（简称"十三五"规划）还提出要发展 14 个其他城市群和 2 个都市圈（详见表 1-1）。总体来说，近年来我国各个城市群的发展规划陆续出台，城市群的一体化和综合发展水平不断提升。

表 1-1　　　　　　　　"十三五"规划中全国 19 个城市群和 2 个都市圈

城市群	长江三角洲城市群、京津冀城市群、粤港澳大湾区城市群、成渝城市群、长江中游城市群、山东半岛城市群、海峡西岸城市群、哈长城市群、北部湾城市群、中原城市群、关中平原城市群、兰西城市群、呼包鄂榆城市群、辽中南城市群、黔中城市群、宁夏沿黄城市群、晋中城市群、天山北坡城市群、滇中城市群
都市圈	拉萨都市圈、喀什都市圈

在目前城市群发展格局中，长江三角洲城市群的经济总量最大，综合实力最强（详见表 1-2）。和其他城市群相比较，粤港澳大湾区城市群在城市数量、土地面积和常住人口方面均不占优势，但人均 GDP 最高；区域内包含香港特别行政区和澳门特别行政区，属于国际化、多元化程度最高的城市群。京津冀城市群在经济总量和人均 GDP 方面逊色于粤港澳和长江三角洲城市群，但在全国的政治、经济、

教育等方面具有广泛影响力和控制力。长江中游城市群、成渝城市群分别位于长江的中游和上游，是我国建设长江经济带国家战略的重要支撑点。这两个城市群的土地面积和人口规模庞大，可与长三角、粤港澳大湾区和京津冀城市群媲美。武汉、长沙、成都、重庆等中心城市聚集了众多国内知名院校，高等教育和人才资源丰富，在我国加速建设城市群的发展思路下，未来发展潜力巨大，有望成为中国创新实力突出的新经济增长极。

表 1-2　　　　中国五大城市群的经济社会发展状况（据 2018 年统计数据）

城市群	城市数量（个）	人口（万人）	土地面积（万 km²）	地区生产总值（万亿元）	人均地区生产总值（万元）
长江三角洲城市群	26	15 401	21.2	17.8	11.6
粤港澳大湾区城市群	11	6 301	5.6	11.6	18.4
京津冀城市群	13	11 270	21.5	8.4	7.5
长江中游城市群	31	12 677	32.6	8.3	6.5
成渝城市群	16	10 015	18.5	5.8	5.8

数据来源：根据全国及各城市统计局统计资料和统计年鉴整理。

虽然在刚过去的十多年中，我国主要城市群发展迅速，但仍存在诸多问题。例如，发展不均衡的现象普遍存在，整体发展水平相对较低，城市群内部联系不紧密、缺少有效协调机制，中心城市辐射带动作用不强等。根据国际经验预测，中国城镇化仍将继续快速推进，预计未来 20 年，中国还将有大约 3.1 亿人进入城市，最终中国城镇化率将稳定在 70% ~ 80%。随着我国城镇化进程的不断加快和经济发展水平的不断提高，未来城市群的形态和作用将日益凸显，城市群将成为拉动我国经济快速增长、参与国际经济合作与竞争的主要平台，以及推动区域经济、社会、人口、环境统筹协调发展的最大引擎。

1.2 城市群发展面临的能源资源和生态环境问题

1.2.1 人口膨胀、能源资源短缺

人口从乡村向城市聚集、大城市人口增长过快会引发一系列"城市病"问题，如交通拥堵、环境恶化、住房紧张、就业困难等，加重城市负担，同时也制约城市发展。大城市人口膨胀是城镇化过程中必须解决的突出问题。出于对"大城市病"的担忧，2013 年党的十八届三中全会通过的《中共中央关于全面深化改革若干重大问题的决定》提出，严格控制特大城市人口规模，此后我国两座最大的都市上海、北京都坚持了这一思路。但我国目前仍然处于快速城镇化的进程中，每年仍有 1 800 万人口从乡村进入城市，不断增加城市基础设施和生态资源负担。在以城市群为主体形态的新型城镇化阶段，城市群中聚集了一批国内超大、特大城市，区域内人口与环境之间的矛盾在未来将会愈发尖锐。《2018 年城市建设统计年鉴》显示，我国城区常住人口 500 万至 1 000 万人的特大城市有 9 个，常住人口超过 1 000 万人的特大城市有 6 个，分别是上海、北京、重庆、广州、深圳和天津。其中，上海、北京、广州、深圳这中国四大一线城市在 2018 年末的常住人口分别为 2 423.78 万人、2 154.2 万人、1 490.44 万人和 1 302.66 万人。庞大的城市人口将导致城市的用地高扩张、资源高消耗、污染高排放，加剧人地矛盾，对城市的环境资源、基础设施承载力提出巨大挑战。

城镇化进程的推进对能源包括电、煤、石油、燃气的需求都会大幅增长，一定程度上会造成能源资源短缺、能源供应体系脆弱等一系列问题。以北京为例，人口和经济增长导致本地用电量不断攀升，但同时为了改善空气质量，北京市政府仍在不断压低本地电厂发电量，提高外调电的份额。从全国范围来看，我国的产能聚集区和用能聚集区严重不匹配。全国能源生产区主要集中在西北地区，如内蒙古、山西和陕西原煤产量占全国总产量的 2/3 以上，陕西、四川和新疆天然气产量超过全

国总产量的 2/3，而全国能源消费区集中在东南沿海城市。能源供需区域分布的不匹配，导致能源长途运输容易受到自然灾害、重大危机事件冲击，危及城市能源供应。此外，我国目前的城市能源消费结构不合理，能源消费以煤炭为主，石油次之，而当前全国煤炭物流体系发展较为落后，石油对外依赖度高，都使得我国城市能源供应体系的安全性问题凸显，容易受到重大危机事件冲击。未来，积极调整能源结构由煤炭为主向多元化转变，提高清洁能源比例，构建清洁低碳、安全高效的能源体系将是增强我国城市群综合承载能力的关键步骤。

1.2.2 能源消费、温室气体排放及气候变化风险

全球气候变暖是 21 世纪人类文明面临的最大挑战，而中国是全球应对这场挑战的核心力量。

2007 年，中国超越美国成为世界上最大的碳排放国。2015 年，我国人均碳排放量首次超越欧盟，达到 7.2 吨。2018 年，我国二氧化碳排放总量约为 135 亿吨，超过美国（66 亿吨）和欧盟（46 亿吨）之和。从全球温室气体减排的全局看，我国城市作为世界上最大的碳排放国的能源消耗中心，是应对气候和能源相关挑战的关键所在。我国城市群作为经济发展核心区的同时，也成了碳排放量最大的高碳区。据统计，2015 年以超大、特大城市或辐射带动功能强的大城市为核心的城市群贡献了我国 77.8% 的 GDP 和 71.7% 的碳排放。到 2030 年，预计这两项数字将进一步提高到 90% 和 83%。在全球气候变暖的背景下，我国领土将受到海平面上升以及热浪、干旱、洪水、气旋和野火等极端天气气候事件的严重威胁，青藏铁路、电网、三峡工程、南水北调工程、生态工程的安全性和运营效率也会受到严重影响。因此，在城市群发展的进程中，推动形成绿色发展方式和生活方式，积极消减二氧化碳排放量，不仅是出于保护全球环境的目的，也是国家可持续发展战略的必然选择。

1.2.3 环境污染问题

城市与城市群的快速发展也带来一系列的生态环境问题。在我国部分城市群区域，特别是发达地区的城市群，当地面临的生态环境问题已经十分严重，表现在大气污染严重、水质普遍污染、水资源短缺、土壤污染加剧、森林退化、生物多样性减少等。

依据《2019 中国生态环境状况公报》，全国 338 个城市中仅有 121 个城市环境空气质量达标，占全部城市数的 35.8%。其中，长江三角洲地区和京津冀地区两地的环境空气质量不容乐观，全年平均 $PM_{2.5}$ 浓度分别为 $44\mu g/m^3$ 和 $60\mu g/m^3$，与世界卫生组织 $20\mu g/m^3$ 的标准差距较大。2018 年，我国酸雨区面积约 53 万平方千米，占陆地国土面积的 5.5%，主要分布在浙江、上海、福建、江西、湖南、广东等地。海河和辽河流域水质为中度污染，艾比湖、呼伦湖、星云湖等多个湖泊的水质为污染最严重的劣 Ⅴ 类。在长江三角洲地区，目前只有钱塘江和太湖水域的部分水质达到饮用水标准，其他河流湖泊的水质均出现严重问题，本是水资源十分丰富的地区，却因为环境污染造成水质性缺水。

随着我国城镇化进程的不断推进，未来还会有大量的人口从农村进入城市，给自然资源已经捉襟见肘的城市带来更重的负担。有效解决经济发展和环境保护这一对突出矛盾，将事关我国可持续发展的战略大局和党的十九大"美丽中国"美好愿景的实现。

1.3 城市群生态环境治理问题

1.3.1 前期治理措施与成本

保护环境一直是我国的一项基本国策。随着近年来环境问题治理力度不断加大，我国的环境质量稳步向好，生态治理水平不断提高。2020 年，国务院办公厅印发了《关于构建现代环境治理体系的指导意见》，提出到 2025 年要形成导向清晰、决策科学、执行有力、激励有效、多元参与、良性互动的环境治理体系。总体上，生态环境问题的治理措施主要包括 3 类：行政命令和法律监管、征收排污税和排污权交易。

行政命令和法律监管是通过各类环境法律法规与环境标准的制定与强制执行达到一定的环境治理目标。污染者为避免被处罚必须采取措施，这类污染治理手段目标明确，效果迅速且明显。常见的环境治理行政命令和法律还可以进一步分为两类：一类是规定必须使用的技术标准，例如强制每辆汽车都必须安装统一的尾气过滤器；另一类是规定排放标准，而对于使用何种技术达到这项标准不做要求，如监测火电厂大气污染物排放值是否达标。行政命令和法律监管治理环境问题的弊端在于并未考虑各个污染方在污染治理方面的能力差异和成本差异，而是采用"一刀切"的方法，对所有污染方都采取统一的标准，一定程度上增加了全社会污染治理的总成本，在治理污染的效率上不能达到最优。

征收排污税，顾名思义就是对污染者依照排放的污染量征收相应的税款，通过"多排多征、少排少征、不排不征"的正向减排激励机制，促进企业履行环境保护的社会责任。例如，2018 年 1 月我国首部环境保护税法正式施行，在全国范围内对大气污染物、水污染物、固体废物和噪声等 4 大类污染物、共计 117 种主要污染因子进行征税。在环保税机制的作用下，企业更有动力主动进行技术创新和转型升级，进一步减少污染物排放量从而享受更多的税收减免。相较于单纯的行政命令治理手段，排污税把保护与改善环境的责任由政府转交给污染者，从而既有助于调动污染者减少排污和促进技术革新的积极性，也有助于降低政策的执行成本。

排污权交易是指在对污染物排放总量控制的前提下，遵循市场规律，各个持有排污许可证的实体在有关政策、法规的约束下进行排污指标（排污权）的有偿转让或变更的活动。污染治理成本高的企业可以向污染治理成本低的企业购买一定额度的排污许可证，为企业针对如何以最小经济代价削减污染提供了新选择，从而实现更低成本的污染治理，同时完成全社会污染物排放总量控制的目标。排污权交易作为以市场为基础的经济制度安排，将环境治理从政府的强制行为变为企业自觉的市场行为，通过合理的交易体制机制设计，能够发挥市场在资源配置中的决定性作用，有效降低环境治理的社会总成本。

当前我国主要采取以政府为主导的单一化的管制型环境治理措施，通过行政命令和征收排污税对污染企业进行严格规制，但是这种单一的治理模式使得我国环境治理能力渐渐落后于社会经济发展和生态环境恶化所激发出来的迫切的现实需求，生态环境保护存在系统性的治理能力不足。在全面构建现代环境治理体系的背景下，坚持市场导向、健全市场机制、发挥市场治理的作用是我国未来环境治理的主要发展方向。

1.3.2 边际成本递增、边际收益递减

"边际"是经济学中最基础、最重要的概念之一，在环境治理问题上有着重要的指导作用。"边际"可以理解为新的"投入"带来新的"产出"；"边际成本递增"说明污染物治理达到一定程度后，若要继续治理，那么取得固定治理效果所增加的成本将越来越大；相应地，"边际效用递减"是指随着对环境治理投入的不断增加，每新投入 1 元钱的治理效用都会逐渐递减。以燃煤电厂的排放治理为例，将二氧化硫排放量从 300 mg/m³ 降至 200mg/m³ 与从 200 mg/m³ 降至 100 mg/m³ 相比，同样是实现 100 mg/m³ 的减排，后者的成本要高于前者数倍。也正是出于边际成本递增、边际效用递减的考量，对于燃煤电厂的"近零排放"要求存在较大争议，其主要原因是削减最后 1% 的排放量所新增的减排成本巨大，导致政策的"环境效益很小而经济代价很大"。

在处理实际污染问题时，当污染治理的边际成本等于治理的边际收益时，治污的效果最好。因此，寻找投入和产出的平衡点，是政府在治理环境问题时需要重点考虑的内容。通过市场手段治理使边际治理成本和边际收益相等，是实现最优治理效果的有效方式之一。碳排放权交易市场就是典型的案例。例如，假设政府将减排指标平均分配给所有排放二氧化碳的厂家，表面上看每个厂家都是平等的，但实际

上这种办法并没有把每个厂家不同的减排成本考虑进去，无法实现减排成本最小化的目的。更合理的方案是，那些减排成本更小的厂家应该承担更多的减排任务，成本更大的厂家承担更少的减排任务。最终当这些厂家减排的边际成本都一样时，社会总体的减排成本之和就能达到最小。因此，碳交易市场存在的意义，就是通过碳排放额的市场交易，让减排成本高的企业有机会将减排任务转让给减排成本低的企业去执行，最终以最小的成本代价实现减排目标。

1.3.3 跨界污染、逐底竞争现象

在传统经济理论中，一般认为地方政府在决策的过程中是相对独立的个体，相互之间没有影响。但近年来越来越多的研究表明，地方政府在环境规制领域存在竞争和博弈行为，其中"跨界污染""逐底竞争"是两个极为显著的问题。

"跨界污染"是指污染在地区间存在外溢效应，即具有跨地区流动的特性。例如，大气污染和水污染会分别通过大气环流和河流影响周边的其他区域，特别是上游地区的工业或生活废水排放，会导致下游区域频频遭受污染的状况。这意味着，一地产生的污染最终会由多地共同承担治理任务，甚至由其他地区独自承受。因此，在以经济发展为核心目标的前提下，各地方政府的最优策略是降低企业环保标准，竞相引入高利润、高污染企业，减少在环境保护领域的投资，独享经济发展的成果，而让相邻地区与之共同承担环境污染所带来的损失。这种地区间在经济和环保领域的博弈现象会导致集体利益受损，最终引发全区域严重的环境污染。

"逐底竞争"原本是属于国际政治经济学范畴的概念，但是这一现象在环境保护领域似乎同样存在，其含义是指在全球化过程中，发展中国家为了吸引国际资本到当地投资，竞相降低环境保护标准，以牺牲环境为代价，同时降低本国劳动者保障标准，推行税收优惠政策。虽然"逐底竞争"在短期内对经济增长有一定的促进作用，但是从长期来看，逐底竞争会导致发展中国家的生态环境遭受极大的破坏，使经济难以实现可持续发展。短期的经济利益无法抵消未来环境污染修复所要

付出的高昂成本。不仅仅是在发展中国家之间，近年来部分研究表明[①]，在我国部分欠发达区域，"逐底竞争"的现象同样存在，主要表现在政府为了保障本地企业获得竞争优势或者吸引其他地区企业，会通过降低污染物排放标准减少企业经营成本，提升企业竞争力。当邻近政府采取较低污染物排放标准、放松排污管制时，作为报复机制，本地政府可能会采取更低污染物排放标准，直到完全取消排放标准。"逐底竞争"是一种糟糕的地方间竞争局面，陷入"逐底竞争"的区域，其结果是经济收益有限，但生态环境会受到严重破坏，丧失可持续发展能力。

1.3.4 区域协同治理、联防联控

在博弈论中，"跨界污染"和"逐底竞争"的行为在个体理性前提下导致了群体的非理性，最终致使集体利益受损，加重区域整体的环境污染。这说明在环境保护问题上，个体理性与集体理性有时候难以一致。只有参与主体之间加强沟通，互相信任，相互合作，才能够实现利益最大化，而这个利益最大化不仅仅是个体利益最大化，也是整个集体利益的最大化。在具体工作中，各地政府建立有效的沟通机制，开展区域协同治理、联防联控，打破行政区域的限制，是解决这种地方间博弈困境的根本办法。

从我国近些年重要的规划文件中可以看出，针对大气污染、水体污染和固废危废实行区域协同治理、联防联控，逐渐成为我国环境治理的重点手段，尤其是在人口、工业密集的城市群区域。例如，在京津冀地区，《京津冀城市群协同发展规划纲要》提到，区域生态环境治理的重点是打破行政区域限制，联防联控环境污染，建立一体化的环境准入和退出机制。河北省要成为京津冀生态环境支撑区，整个京津冀城市群将定位于生态环境修复改善区。

---

① 赵霄伟. 地方政府间环境规制竞争策略及其地区增长效应——来自地级市以上城市面板的经验数据 [J]. 财贸经济，2014，35（10）：105-113.

在南方的长江流域，环境的综合治理措施同样强调城市间共同治理、联防联控，特别是针对水体污染的协同治理。例如，2019 年颁布的《长江三角洲区域一体化发展规划纲要》强调，长三角城市群在推进一体化建设的过程中要推进生态环境共保联治，完善区域生态补偿机制，保护、构建跨区域跨流域的生态网络，不断提升优质生态产品供给能力。在长江中游的湖北、湖南、江西等地，《长江中游城市群发展规划》要求三地共同保护水资源水环境，加强长江、汉江、湘江、赣江等流域和鄱阳湖、洞庭湖等湖泊、湿地的水生态保护和水环境治理；共建城市群"绿心"，构建生态廊道，共同构筑生态屏障；同时，加强环境污染联防联治，完善生态补偿机制，实施环境监管执法联动，共建跨区域环保机制。在长江上游区域，《成渝城市群发展规划》着重强调成都和重庆两地要深化跨区域水污染联防联治，在江河源头、饮用水水源保护区及其上游，严禁发展高风险、高污染产业，严格控制高能耗、高排放行业低水平扩张和重复建设，加大化工等行业关停整治力度。

未来，进一步创新、完善环境污染区域协同治理的体制机制，建立全方位环境污染监测体系，加强环境保护执法，将是我国构建现代环境治理体系的重要工作内容，也是建设美丽中国的基本制度保障。

1.4 城市群绿色可持续发展问题

1.4.1 生态环境治理与城市经济竞争力

处理好生态环境保护和经济发展之间的关系一直是我国社会发展过程中的棘手问题。在改革开放初期，我国社会生产力水平低，人民物质生活匮乏，取得短期内快速的经济增长是当时发展的第一要务。在以经济建设为中心的背景下，一些地方和部门重经济发展、轻环境保护，甚至以牺牲环境为代价去换取一时一地的经济发展。经济高速发展严重冲击生态环境，污染物排放量居高不下，环境污染和生态破坏事件高发多发。

进入 21 世纪，我国不断加大环境治理力度，环境保护工作得到前所未有的重视，逐步融入经济发展，并具备越来越大的话语权。但时至今日，生态环境保护和经济发展之间的矛盾关系在许多地方依然突出。2018 年，《中共中央　国务院关于全面加强生态环境保护　坚决打好污染防治攻坚战的意见》指出，当前生态文明建设面临不少困难和挑战，一些地方和部门对生态环境保护认识不到位，责任落实不到位；经济社会发展同生态环境保护的矛盾仍然突出，资源环境承载能力已经达到或接近上限，成为全面建成小康社会的明显短板。我国进入以城市群为主要平台的经济发展阶段，正确理解和处理生态环境保护和经济增长之间的关系，将绿色生活、绿色生产的理念融入社会发展中，是实现可持续发展、进一步提升城市经济竞争力的关键。

我国城市目前处在经济转型关键期，淘汰高能耗、高污染、低资源利用率行业，促进产业由低附加值、高能耗高污染向高附加值、低能耗低污染转变是实现可持续增长的关键。其中，人才、资本、技术、信息等是促进产业向价值链中高端攀升的核心生产要素，而人才与金融、时尚、科研等高端产业天生青睐绿色、现代、和谐、蓝绿交织、水城交融的优美环境。从短期看，生态环境治理会增长企业生产和经营成本，导致部分工厂关闭和工人失业。但从长期看，美好的生态环境可以促进生态资源的合理利用以及环保产业等新兴行业发展。通过环境治理可以避免环境污染给人类健康带来的负面影响，有利于提升居民幸福感，培育高端价值链产业，真正实现增长动能的转换。纽约、东京、旧金山等竞争力排名靠前的城市，无一不是生态环境优美、可持续发展竞争力突出的表率。生态环境保护与经济发展的协调，实际上是要走出一条以生态优先、绿色发展为导向的高质量发展新路。生态环境保护与经济发展的协调，是人类文明发展道路的嬗变，这是新时代中国愈益认识并付诸实践的。习近平总书记在多个场合强调，"生态兴则文明兴，生态衰则文明衰"，简单的格言揭示生态兴衰决定文明兴衰的历史发展规律，优美的生态环境是城市经济竞争力的核心。

1.4.2 生态环境改善与经济高质量发展

我国经济已由高速增长阶段进入高质量发展阶段。相比于传统意义上的经济增长，经济高质量发展的内涵更为丰富。从宏观层面理解，经济高质量发展是指经济增长持续、稳定，区域城乡发展均衡，以创新为动力，实现绿色发展，让经济发展成果更多更公平惠及全体人民。从关注经济增长的单一维度，转向关注经济发展、社会公平、生态环境等多个维度，同时注重产业协同发展、构建现代化产业体系。究其根本，经济高质量发展是生产要素投入少、资源配置效率高、资源环境成本低、经济社会效益好、能满足人民日益增长的美好生活需要的发展。

绿色是高质量发展的普遍形态，加强生态文明建设、推动绿色发展，是实现高质量发展的题中之义。没有良好的生态环境，高质量发展无从谈起，美好生活也难以实现。改革开放 40 多年来，我国经济社会发展取得了巨大成就，经济总量增长了 33.5 倍，跃居世界第二，综合国力和国际影响力实现历史性跨越。但与此同时，我国资源约束日益趋紧，环境承载能力接近上限，依靠要素低成本的粗放型、低效率增长模式已经难以持续。党的十九大报告指出，中国未来要实现的现代化是人与自然和谐共生的现代化，既要创造更多物质财富和精神财富以满足人民日益增长的美好生活需要，也要提供更多优质生态产品以满足人民日益增长的优美生态环境需要。必须形成节约资源和保护环境的空间格局、产业结构、生产方式、生活方式，还自然以宁静、和谐、美丽。实行严格的生态环境保护制度，能够通过正向激励与反向约束，做大做强促进生态文明的经济实体，也"纠正"不合理的产业结构、产业路径，实现二者的有机统一、相互促进，就能为高质量发展加装"绿色引擎"，为生态保护提供坚实有力的支撑。良好生态环境是最公平的公共产品，是居民健康和生活幸福感的关键来源，是最普惠的民生福祉。生态环境一头连着人民群众生活质量，一头连着社会和谐稳定，生态环境的改善可以成为人民美好生活的增长点、展现我国良好形象的发力点和经济社会持续健康发展的支撑点。

1.4.3 绿色可持续发展道路

绿色是自然的象征，蕴含着人与自然是生命共同体的深刻要义。坚持绿色可持续发展道路，就是以人与自然和谐为价值取向，形成绿色发展方式和生活方式，突破资源环境瓶颈制约，实现持续的经济增长和社会发展。

绿色可持续发展代表着我国过去发展理念和发展方式的深刻转变，从一味追求短期经济增长提升到更加关注发展所带来的全局、根本和长远利益。改革开放初期，我国的政府工作将实现经济高增长作为第一要务，消耗了大量的自然资源、牺牲了优美的自然环境。实现可持续发展，必须要认识到经济增长受制于资源环境，资源的稀缺必然制约经济的可持续发展。2017 年 10 月，党的十九大首次将"必须树立和践行绿水青山就是金山银山的理念"写入中国共产党的党代会报告，且在表述中将其与"坚持节约资源和保护环境的基本国策"一并列为我国新时代生态文明建设的思想和基本方略。"绿水青山就是金山银山"的发展理念，通俗地解释了环境保护和经济发展之间的辩证统一关系，打破了简单把发展和保护对立起来的思维束缚。利用"绿水青山"源源不断地创造"金山银山"，将生态优势变成经济优势，形成人类社会与自然环境浑然一体、和谐统一的关系，是绿色可持续发展的根本目的。中国人口众多、资源相对不足的国情决定了在"绿水青山"和"金山银山"发生矛盾时，必须将"绿水青山"放在优先位置，不能走以"绿水青山"换"金山银山"的老路。

绿色可持续发展意味着经济增长模式的根本性转变。在这一目标指引下，促进发展的模式将从低成本要素投入、以高生态环境为代价的粗放模式向绿色发展和创新发展双轮驱动模式转变，能源资源利用从低效率、高排放向高效、绿色、安全转型。同时，摆脱过去的速度情结、路径依赖，加快形成节约资源和保护环境的空间格局、产业结构、生产方式、生活方式，给自然生态留下休养生息的时间和空间。在绿色可持续发展的背景下，节能环保产业将实现快速发展，循环经济将得到进一步贯彻，产业集群绿色升级进程将进一步加快，绿色、智慧技术将获得加速扩散和应用，从而推动绿色制造业和绿色服务业兴起。绿色发展可以为我国走新型工业化道路、调整优化经济结构、转变经济发展方式提供重要动力。

在环保政策和治理能力方面，绿色可持续发展也提出了更高的标准。这要求我们对各类生态环境问题的治理进行统筹规划、整体部署和系统实施，实行最严格的生态环境保护制度，严守资源消耗上限和生态保护红线。在污染物、温室气体等排放总量和排放强度方面实行"双控"制度，将各类开发活动限制在环境资源承载能力之内，通过高质量的发展为未来可持续发展留足绿色空间、奠定生态基础，以良好的生态环境为未来经济社会健康可持续发展提供有力支撑。

第 2 章 中国城市群绿色发展
战略及政策

  我国城市尤其是城市群地区能源消费的日益增长以及以化石燃料为主的能源消费结构，导致了空气污染、气候变化、能源安全等一系列问题。为了应对气候变化、遏制大气污染、改善生态环境、促进绿色发展，我国区域、省市及城市群地区陆续颁布并实施了关于减缓及适应气候变化、大气污染防治、碳排放和空气污染物排放协同控制等一系列规划、政策指导文件，并且组织开展了与绿色低碳可持续发展相关的多个试点、示范工程，"自上而下"与"自下而上"相结合积极推动绿色可持续发展的战略创新与实践探索。

2.1 能源供需、能源安全与能源低碳发展战略及政策

2.1.1 我国能源供需总体结构及城市能源供需、消费结构

  在能源生产与供给方面，我国实现了从供给短缺到总体宽松的巨大转变。我国能源供给结构持续优化、质量不断提升，形成了煤、油、气、核、新能源和可再生能源多轮驱动的多元供应体系，从能源工业基础的"一穷二白"发展成为世界能源生产第一大国。根据《中华人民共和国 2019 年国民经济和社会发展统计公报》，2019 年我国一次能源生产总量为 39.7 亿吨标准煤，比上年增长 5.1%，其中：原煤产量为 38.5 亿吨，比上年增长 4.0%；原油产量为 19 101.4 万吨，比上年增长 0.9%；天然气产量为 1 761.7 亿立方米，比上年增长 10.0%；发电量为 75 034.3

亿千瓦小时，比上年增长 4.7%，其中非化石能源发电量占总发电量的 30.4%，见表2-1。总的来说，一次能源生产中不同能源品种的增长势头分化明显，非化石能源和清洁能源增速较快。

表 2-1 　　　　　　　　　　　2019 年我国一次能源产量

产品名称	单位	产量	比上年增长（%）
一次能源生产总量	亿吨标准煤	39.7	5.1
原煤	亿吨	38.5	4.0
原油	万吨	19 101.4	0.9
天然气	亿立方米	1 761.7	10.0
发电量	亿千瓦小时	75 034.3	4.7
其中：火电[①]	亿千瓦小时	52 201.5	2.4
水电	亿千瓦小时	13 044.4	5.9
核电	亿千瓦小时	3 483.5	18.3

注：[①]火电包括燃煤、燃油、燃气发电量，余热、余压、余气发电量，以及垃圾焚烧、生物质能发电量。

从近 10 年的能源生产数据看，我国能源生产总量经历持续增长后 2016 年转头下降，最近 3 年又出现回升。分品种看，原煤产量在 2014 年开始下降，2016 年达到较低数值，最近 3 年同样出现回升。原油产量 2016 年出现大幅下滑，跌破 19 969万吨，2017 年、2018 年继续下滑，2019 年小幅上升。天然气勘探开发力度不断加大，日产气量连创新高，生产总量持续提升。水电、核电、风电也在延续持续之前增长势头。目前，我国煤电、水电、风电、太阳能发电装机容量居世界第一，核电装机容量居世界第三、在建规模居世界第一，清洁能源发电装机占比提高到 40% 左右；建设了西气东输、西电东送、北煤南运等重大通道，形成了横跨东西、纵贯南北、覆盖全国、连通海外的能源管网。

近年来我国城市能源供给来自"四面八方"，而且大城市尤其是超大城市外调能源占比日益提高。为了满足城市日益增长的能源需求，包括煤炭、天然气在内的大部分一次能源和电力、汽柴油等二次能源都需要从资源集中地送往负荷中心，与国外城市相比，我国能源供应更多地需要"从远方来"。国家电网公司经营区域已投运的特高压输电线路每年可使中东部地区减少燃煤近亿吨，惠及 16 个省、自治区、直辖市接近 9 亿人群。截至 2016 年年底，我国城市地区 35kV 及以下电压等级接入分布式能源项目装机容量为 6 587 万千瓦。其中：分布式光伏占比 40%，小型水电占比 29%，生物质能发电占比 6%，分散式风电占比 5%，分布式天然气发电占比 2%，其余资源综合利用占比 18%。

在能源消费方面，我国宏观经济增速与能源消费总量增速总体稳定，万元 GDP 能耗强度持续稳步下降。根据《中华人民共和国 2019 年国民经济和社会发展统计公报》，2019 年我国国内生产总值为 99.09 万亿元人民币，按不变价格计算比上年增长 6.1%；同年我国终端能源消费总量为 48.6 亿吨标准煤，比上年增长 3.3%，其中煤炭消费量增长 1.0%，原油消费量增长 6.8%，天然气消费量增长 8.6%，电力消费量增长 4.5%。2019 年，我国万元国内生产总值能源消费为 0.49 吨标准煤，万元国内生产总值能耗比上年下降 2.6%，万元国内生产总值二氧化碳排放比上年下降 4.1%，如图 2-1 所示。

图 2-1　2014—2019 年能源消费与 GDP 同比增速

资料来源：国家统计局、中能智库《中国能源发展报告 2020》。

　　我国能源消费结构不断优化。长期以来，我国能源消费结构以煤炭为主导，但近年来进入了"以煤为主，多元发展"的时代。2019 年，煤炭在我国能源消费总量中的占比下降至 57.7%，与 1980 年相比下降了 14.5 个百分点，与上年度相比下降了 1.5 个百分点；2019 年天然气、水电、核电、风电等清洁、可再生能源消费量在能源消费总量中占比 23.4%，比 2015 年上升了 5.4 个百分点，比 2018 年上升了 1.3 个百分点（如图 2-2 所示）。总的来说，我国能源结构不断优化的主要原因可能在于：伴随着经济高质量发展、产业结构转型升级、能源体系低碳转型等一系列国家政策的制定，公众对良好生活环境、优质生态服务、空气质量等方面的日益关注，以及低碳发展、低碳消费等先进理念的不断推广，煤炭消费比重从 2011 年起逐步下降，清洁、可再生能源消费占比稳步提高。

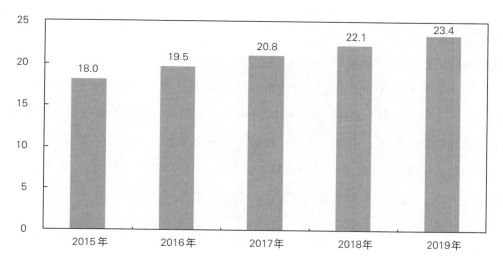

图 2-2　2015—2019 年清洁、可再生能源消费量占能源消费总量的比重（%）

资料来源：国家统计局。

　　我国能源消费高度集中于城市。中国城市能源消费在全国能源消费总量中的占比达到 85%，超出世界平均水平 18 个百分点，城市能源消费高度集中的特征明显。中国城市能源消费在空间分布上呈现明显的集聚特征，城市能源消费集中在东部沿海发达地区和数个区域中心城市，特别是以长三角、珠三角、京津冀为代表的大型城市群能源消费高度集中。其中，2016 年长三角 26 市土地面积约占全国的 2.2%、地区生产总值约占全国的 18.5%、能源消费约占全国的 12.6%。相比而言，美国、欧洲的城市能源消费空间分布更加分散。

我国大多数城市终端能源消费以煤炭为主，但油品、电力消费占比呈现上升趋势。 2016 年，我国城市终端能源消费结构中煤炭占比 38.5%，成品油占比 25%，电力占比 23.7%，天然气占比 7.6%，热力占比 5.2%，煤炭在终端能源结构中依然呈现高占比特征。与国际一流城市相比较，我国城市煤炭能源消费占比远超国际平均水平，例如：东京终端能源消费中煤炭占比 12%，巴黎、伦敦等城市终端能源消费中煤炭占比最高也仅在 1% 左右，煤炭消费微乎其微。

我国大多数城市终端能源消费的电气化水平较高，但与国际先进水平相比仍存在显著差距。 电能占终端能源消费比例是衡量国家和城市终端能源消费结构和电气化程度的重要指标。2016 年，我国电能占全国终端能源消费比重为 22%，超出世界平均水平 3.5 个百分点；电能占城市终端能源消费比重为 23.7%，超出世界平均水平 5.2 个百分点。总的来说，我国内地城市终端能源消费的电气化水平较高，但与香港特别行政区、东京、巴黎、伦敦等一流城市相比（电能在城市终端能源消费中的占比香港特别行政区为 42.52%、东京为 35.45%、巴黎为 33.33%、伦敦为 30.56%），仍旧具有较大提升空间。

2.1.2 我国分部门能源消费结构

工业部门是我国能源消耗占比最大的部门。 从 1990 年到 2017 年，我国工业部门在终端能源消耗中的占比呈现先增加、后下降的趋势。1994 年，工业部门在全国终端能源消耗中占比达到 40%，超过居民部门，在各部门中占比最高；2010 年，工业部门能耗占比达到最大，为 56%；2011 年之后，工业部门能耗占比缓慢下降。对于居民部门，其在国家终端能源消耗中的占比呈现波动下降趋势，由 1990 年的

44% 下降至 2017 年的 17%。第一产业农林牧渔水利部门在终端能源消耗中的占比始终较少，维持在 2% ~ 4%。

值得注意的是，交通部门在我国终端能源消耗中的占比增长迅速，已由 1990 年的 5% 增长至 2017 年的 16%；同时，商业和公共服务部门在终端能源消耗中的占比也呈现缓慢上升趋势，已由 1990 年的 3% 上升至 2017 年的 4%（见图 2-3）。可以预见的是，随着我国城市化的高速推进和居民人均收入及生活水平的稳步提升，这两大领域的能源消费增长以及由此引致的碳排放增长可能较大。

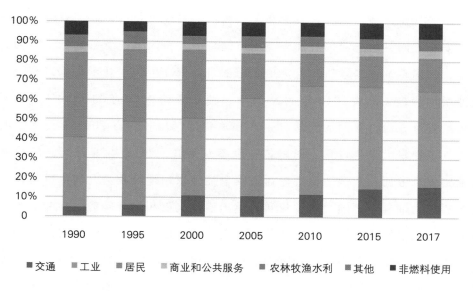

图 2-3　1990—2017 年分部门终端能源消费量占比

资料来源：IEA。

在我国城市用能的部门结构中，工业部门占比最大，同时交通和居民部门占比呈现上升趋势。根据《中国城市能源报告》的数据，2016 年，我国城市用能的部门结构中，工业用能占比 70.7%，建筑用能占比 18.6%，交通用能占比 10.7%。工业用能在我国城市终端能源消费结构中仍旧占据绝对主导地位，与发达国家平均水平相比超出约 30 个百分点。但与此同时，随着机动车数量的急剧增长、物流业的蓬勃发展以及人民住房条件和生活水平的稳步提高，交通和居民部门用能在城市总体能源消费中的占比呈现上升趋势。

2.1.3 大量化石能源消费所导致的系列问题

化石能源仍是我国能源消费的主体，"富煤、贫油、少气"的资源禀赋特点使我国长期以来形成了以化石能源为主的能源消费结构，由此带来了一系列的能源安全和生态环境等方面的问题。

能源供给安全面临重大挑战。 随着国民经济的快速发展，我国面临的能源安全形势日益严峻，尤其是石油和天然气供给安全以及进口通道安全。在石油供给安全方面，由于我国石油资源地质储量少，石油生产总量远低于石油需求总量，我国石油供需矛盾日益突出，原油对外依存度长期处于高位且有进一步快速增加的趋势，从 2010 年的 53.8% 迅速飙升到 2018 年的 71.0%。在天然气供给安全方面，我国的天然气生产和消费持续增长，自 2007 年开始，我国天然气消费量大于生产量，对外依存度不断攀升，2018 年达到 43.9%。在进口通道安全方面，我国能源进口通道安全强烈依赖地缘政治，能源的地缘竞争逐渐表现为油气资源陆上获取权和海上运输控制权相结合趋势，而受到国外地区政治不稳定因素的影响，我国的油气资源进口面临着严重的威胁。

能源科技水平总体不高，国际竞争日趋激烈。 我国能源科技水平在全球局部领先、部分先进、总体落后。创新模式有待升级，引进消化吸收的技术成果较多，与国情相适应的原创成果不足。创新体系有待完善，创新活动与产业需求脱节的现象普遍存在，各创新单元同质化发展、无序竞争、低效率及低收益问题较为突出。能源产业缺乏关键核心技术，部分核心装备、工艺、材料仍受制于人，重大能源工程依赖进口设备的现象仍较为普遍，技术空心化和对外依存度偏高的问题尚未得到有效解决。

现有能源体系存在结构性缺陷。 我国能源体系构成复杂，加之人口和发展基数大，长期以来，我国能源体系中逐渐形成了相对独立的各分系统，一定程度上合力促进了国家发展。随着国家进一步发展和形势变化，特别是内外环境约束的增加及生态文明的进步，虽然各分系统面向社会提供能源产品的大目标一致，但系统间的发展不协调性日益凸显。受限于我国的能源资源特点，石油化工产业难以提供化工基本原料，严重制约下游精细化工行业发展；而煤化工产业适用于制取大宗化学品和油品，可以弥补石油资源不足，亟待将现代煤化工产业与石油化工产业协调发展，合理优化产业结构。

生态环境压力加大，污染排放问题突出。大规模化石能源开发利用导致的生态环境恶化，以及能源消费所导致的污染排放，正日益超出环境的承受能力，主要体现在对大气环境、水资源及生态系统的影响等方面，化石能源利用排放了大量的二氧化硫（SO_2）、氮氧化物（NO_x）、烟尘等污染物。目前城市交通、火电已成为细颗粒物（$PM_{2.5}$）的主要来源，并且火电、交通及其他工业排放的颗粒物仍将持续增加。大范围、高浓度的雾霾天气倒逼能源转型。

温室气体排放量高，气候变化问题严峻。全球对温室气体引起的气候变化问题已经形成共识，并达成了二氧化碳（CO_2）减排的约束性政府间协议。中国政府承诺到 2030 年碳排放达到峰值，单位国内生产总值 CO_2 排放较 2005 年下降 60% ~ 65%。我国能源消费量大，且以高碳化石能源为主，未来在应对气候变化问题上将受到越来越大的国际压力。这不仅严重制约我国化石能源的使用总量，也对现有化石能源的使用方式提出了挑战。

2.1.4 能源系统低碳转型和清洁、可再生能源发展战略

能源系统转型是指在一定的经济技术条件下，一次能源消费结构中占主导地位的能源种类被其他能源种类取代的过程。能源系统的转型，主要体现在能源结构升级以及用能技术进步上。从能源发展的历史看，人类社会已完成了两次能源转型：第一次转型是煤炭取代薪柴成为主体能源，人类社会由此进入"煤炭时代"；第二次转型是石油取代煤炭成为主体能源，人类社会由此进入"石油时代"。从发展趋势看，人类正在进行从"石油时代"向"低碳时代"转型的第三

次能源变革，如图 2-4 所示。

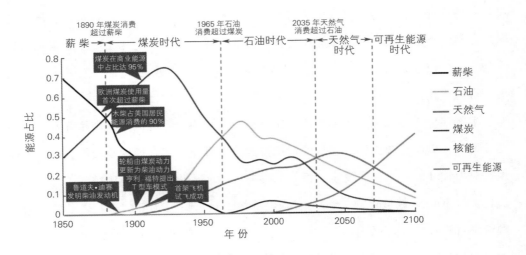

图 2-4　能源转型历程及趋势

数据来源：公开资料整理、EDRI

全球能源消费总体呈现煤炭缩减、石油趋稳、天然气和非化石能源快速发展局面。据 BP 世界能源统计，2017 年全球一次能源消费量增长了 2.2%，增速高于 2016 年的 1.2%，为自 2013 年以来的最快增长。石油仍是世界的主导燃料，在所有能源消费中的占比刚刚超过 1/3。在连续两年增长后，2017 年石油的全球市场份额有小幅下降。煤炭的市场份额降至 27.6%，为自 2004 年来最低水平。天然气在一次能源消费中占据了 23.4% 的份额，而可再生能源发电 3.6% 的份额再创新高。

与发达国家相比，中国能源转型的目标确立和发展比较晚，但却有着很大的潜力。在 2000 年以前，中国的能源系统在结构没有变化的情况下稳步发展，而进入 21 世纪，我国确立了绿色发展的战略和目标。在"十一五"规划期间（2006—2010 年）实现万元 GDP 节能 20% 的基础上，在"十二五"规划（2011—2015 年）中，要求能源强度降低 16%、碳强度降低 17%。而在"十三五"规划（2016—2020 年）中，提出了到 2020 年把能源消费总量控制在 50 亿吨标准煤以内，非化石能源消费比重要提高到 15% 以上，天然气消费比重力争达到 10%，煤炭消费比重降到 58% 以下；单位 GDP 能耗较 2015 年下降 15% 以上。《能源发展"十三五"规划》确定了透明的、可实施的、可考核的能源发展政策措施，包括严控煤炭消费总量、拓展天然气消费市场、实施电能替代工程、发展能源多元化等，着力推进能源生产方式变革、建设清洁、安全、高效的现代能源体系。2014 年 11 月 12 日习近平主席与奥巴马总统共同签署了《中美气候变化联合声明》，明确了尽可能在 2030 年前实现中国二氧化碳排放总量达峰的目标；2030 年我国非化石燃料占一次能源的比重将提高到 20% 左右。中美两国将在清洁能源联合研发，碳捕集、利用和封存重大示范，推进绿色产品贸易、实地示范清洁能源等领域进行交流合作。

截至 2018 年年底，我国可再生能源发电装机达到 7.28 亿千瓦，同比增长 12%；其中，水电装机 3.52 亿千瓦、风电装机 1.84 亿千瓦、光伏发电装机 1.74 亿千瓦、生物质能发电装机 1 781 万千瓦，分别同比增长 2.5%、12.4%、34% 和 20.7%。可再生能源发电装机约占全部电力装机的 38.3%，同比上升 1.7 个百分点，可再生能源的清洁能源替代作用日益凸显。《能源生产和消费革命战略（2016—2030）》指出，到 2030 年和 2050 年，非化石能源占比达到 20% 和 50%。要实现这些目标，需突破清洁能源多能互补与规模应用的关键技术，形成以储能为枢纽的多能互补体系，提升清洁能源比例；重点发展可规模化、链条完整的可再生能源生产、储运、转化、并网、利用的系统解决方案；发展以大规模储能技术为基础的分布式能源系统，研究现代电网智能调控技术，解决大规模可再生能源和分布式发电并网、消纳问题。储能和氢的产生及利用是重要的能源互联平台。

2.2　减缓与适应气候变化相关战略及政策

2.2.1　我国温室气体减排和应对气候变化问题

中国温室气体排放逐年增长。根据《中华人民共和国气候变化初始国家信息通报》《中华人民共和国气候变化第二次国家信息通报》《中华人民共和国气候变化第三次国家信息通报》，1994 年中国温室气体总排放量为 36.5 亿吨二氧化碳当量，2005 年为 72.49 亿吨二氧化碳当量，2010 年为 95.51 亿吨二氧化碳当量，2014 年为 111.86 亿吨二氧化碳当量，其中二氧化碳占比分别为 73.05%、77.0%、80.4% 和 81.6%。能源活动是中国温室气体排放的主要来源，1990 年、2005 年、2010 年、2014 年中国能源活动二氧化碳排放分别为 22.2 亿吨、54 亿吨、71.4 亿吨、90.2 亿吨。据测算，自 2007 年起，中国已超越美国成为全球温室气体排放第一大国。根据国际能源署数据，2013 年中国占全球能源消费二氧化碳排放总量的比重达 28%。从人均碳排放看，1990 年中国人均碳排放为 2.2 吨，2005 年达 4.4 吨，2010 年为 6.6 吨，2013 年达 7.6 吨[①]，已超过世界平均水平。

近年来中国积极应对气候变化，能源消费总量和碳排放增速已大幅放缓。2000 年至 2005 年，中国能源消费总量和碳排放年均增长 12.2% 和 12.4%，2006 年至 2010 年为 5.9% 和 7.6%，2011 年至 2014 年进一步降低为 3.2% 和 1.9%。未来中国要在 2050 年初步实现现代化的经济社会发展目标，城镇化率还将进一步提高，能源消费和碳排放总量在一个时期内还将继续增加，但由于中国经济发展已从追求总量扩张到追求质量提升阶段的转变，能源结构不断优化，碳排放增速将进一步减缓，并将在 2030 年左右达到峰值。从全球累计排放看，中国 1991 年以来的累计排

---

① 数据来自世界银行网站，包括化石燃料燃烧和水泥生产过程排放。

南、福建、广东、天津等沿海省份提出重点加强海洋和海岸带防灾能力建设，加强沿海生态保护和修复。新疆提出的适应目标包括显著增强重点领域和生态脆弱地区适应气候变化能力。

随着适应气候变化工作的深入开展以及新型城镇化建设的迫切需要，城市作为适应气候变化的重要单元，在适应气候变化工作中扮演着越来越突出的角色。为此，2016 年 2 月国家发展改革委、住房和城乡建设部联合印发了《关于印发城市适应气候变化行动方案的通知》（发改气候〔2016〕245 号），2017 年 2 月联合发布《关于印发气候适应型城市建设试点工作的通知》（发改气候〔2017〕343 号），将内蒙古自治区呼和浩特市、辽宁省大连市等 28 个地区作为气候适应型城市建设试点，这将使我国城市适应气候变化工作进入新的里程。

2.3　大气环境污染治理相关战略及政策

2.3.1　我国城市、城市群大气污染治理现状

随着经济的迅猛发展，我国大气污染形势严峻，严重影响人体健康。当前，雾霾污染已经成为中国最为突出的大气环境污染问题，特别是近年来，中国雾霾天气频发，以 $PM_{2.5}$ 为代表的雾霾污染覆盖范围不断扩大，区域性特征日益突出，在多个地区呈连片发展态势。以 2013 年、2016 年和 2018 年为例，在 2013 年 12 月和 2016 年 12 月暴发的严重雾霾天气，影响范围分别达到 140 万和 188 万平方公里。2018 年 1 月，京津冀及周边地区遭受了长达 22 天的区域性大气重污染过程，有 60 余个城市采取了应急联动措施。2018 年 5 月 18 日，习近平总书记在全国生态环境保护大会上再次强调，"坚决打赢蓝天保卫战是重中之重，要以空气质量明显改善为刚性要求，强化联防联控，基本消除重污染天气，还老百姓蓝天白云、繁星闪烁"。

京津冀地区是全国 $PM_{2.5}$ 污染最为严重的区域，2017 年全国 74 个参与空气质

量综合指数的城市，空气质量最差的 10 个城市中有 9 个为京津冀及周边大气污染
传输通道城市。30 多年的经济快速发展也给粤港澳大湾区造成了严重的环境污染。
占据粤港澳大湾区主要地域的珠三角区域，与长三角区域、京津冀地区，并称为我
国三大大气污染重灾区。近年来，珠三角区域不断加强对大气污染的治理力度，取
得了阶段性成绩。2017 年 4 月中央第四环境保护督察组称，"珠三角地区在全国三
个大气污染重点防控区率先整体达标，创建了国家重点城市群空气质量达标改善的
成功模式，为全国大气污染治理树立了标杆"。

2.3.2　大气污染治理目标及相关政策措施

生态治理是国家治理体系建设的重要内容。当前我国生态治理面临着繁重任
务，既包括大气污染、水污染等污染治理议题，也包括资源跨区域调配等资源利用
议题。大气污染治理是生态治理的重要议题，使用政策工具治理大气污染，可在一
定程度上解决大气污染问题。

为加强大气污染防治工作，2013 年国务院颁布了《大气污染防治行动计划》，
提出了控制大气污染、改善空气质量的阶段性要求。2015 年最新修订的《中华人
民共和国大气污染防治法》规定，未达到国家大气环境质量标准城市的人民政府
应当及时编制大气环境质量限期达标规划，采取措施，按照国务院或者省级人民政
府规定的期限达到大气环境质量标准。国家《"十三五"生态环境保护规划》也明
确提出"以提高环境质量为核心，实施大气环境质量目标管理和限期达标规划"
的总体要求。《打赢蓝天保卫战三年行动计划》强调以京津冀及周边、长三角、汾
渭平原等地区为重点，开展大气污染防治专项行动。

2.3.3　区域大气污染联防联控相关政策措施

由于大气污染物流动性、外溢性特点，区域协同治理成为大气污染治理的必由
之路。早在 1998 年，中国就提出了针对酸雨和二氧化硫治理的"两控区"，这实
际上就是大气污染区域联防联治的雏形（王超奕，2018）。直到 2013 年 10 月，京

津冀及周边地区大气污染防治协作机制正式启动，大气污染的联合治理才有了进一步的发展。2014 年 1 月，长三角区域大气污染防治协作小组建立。2014 年 3 月，珠三角地区不但创立了大气污染联防联控技术示范区，还制订了中国第一个区域层面的清洁空气行动计划。至此，中国三大经济圈都形成了各自的大气污染治理联盟，不同程度地开展了大气污染联合治理行动。

然而，中国的区域大气污染联防联控相关政策法规出台时间较晚。2010 年，环境保护部等 9 部门发布了《关于推进大气污染联防联控工作改善区域空气质量的指导意见》，首次提出区域协同"联防联控"的治理思路。其后，国务院正式印发了《国家环境保护"十二五"规划》以督促大气污染联防联控制度的形成。2012 年和 2014 年《重点区域大气污染防治"十二五"规划》和《大气污染防治行动计划》又相继出台，明确提出"建立京津冀区域大气污染防治协作机制"。2015 年《中华人民共和国大气污染防治法》出台，该法第五章专门规定了联防联控制度，从而以法律形式确保了大气污染联防联控机制在大气污染治理中的重要性。2017 年 2 月 17 日，环境保护部发布《京津冀及周边地区 2017 年大气污染防治工作方案》，确定了"2 + 26"个京津冀大气污染传输通道城市，建立了横跨 4 省 2 市的雾霾污染联防联控区域，同年环境保护部等 16 部门发布了《京津冀及周边地区 2017—2018 年秋冬季大气污染综合治理攻坚行动方案》，进一步落实责任，强化考核问责，打好"蓝天保卫战"。

2.4 多污染物协同治理、区域协同发展战略及政策

2.4.1 多污染物协同治理相关政策措施

快速的工业化和城市化进程给当下的中国带来了大气污染减排与温室气体减排的双重压力。从产生来看，区域大气污染物与温室气体均主要由化石燃料的燃烧造成，二者具有同根同源性；而且气候变化与空气污染往往通过大气化学反应而紧密

相连，因此，多污染物协同控制将是未来重要的低碳减排路径。受到早期水污染物协同控制的启发，大气污染与温室气体协同控制的理念迅速发展，并经历了"二者独立考虑→环境政策的协同效应评估→二者协同控制"的演化。近年来，我国在环境政策中将电力行业纳入重点控排行业之中，并在全国范围内的燃煤电厂推行污染物"超低排放协同控制技术"，在减少 CO_2 排放的同时达到硫、氮和烟尘等污染物的协同减排。我国于 2016 年修订《中华人民共和国大气污染防治法》，增加"对颗粒物、二氧化硫、氮氧化物、挥发性有机物、氨等大气污染物和温室气体实施协同控制"条款，首次将控制温室气体减排纳入法治轨道。同年，我国发布《"十三五"控制温室气体排放工作方案》，并在"指导思想"中强调"加强碳排放和大气污染物排放协同控制"。除以上两个政策文件外，我国暂无其他政策规划具体指出如何进行碳排放和大气污染物排放协同控制，因此，现阶段我国需要进一步研究制定大气污染物和温室气体控制的路线图，避免污染治理高碳路径的锁定，研究推进碳排放达峰和城市空气质量达标的"双达"政策措施。

2.4.2　区域联防联控、协同防治相关政策措施

大气污染具有较强的流动性，如果以行政区划为基础的属地治理模式来治理大气污染，各地区往往更多地考虑自身的利益，从而造成大气污染治理效果有限。打破行政区划限制，实现协同治理是大气污染治理的关键。

中国政府已经意识到大气污染需要协同治理，出台了一系列的大气污染协同治理的政策，在大气污染协同治理方面做出了很多的努力。在中央政府层面，2010年国家出台了《关于推进大气污染联防联控工作改善区域空气质量的指导意见》，在这个意见中提出了"联防联控"这一概念，这意味着国家开始重视大气污染协同治理。2012 年，《重点区域大气污染防治"十二五"规划》比较系统、具体地提出大气污染协同治理。2013 年，《大气污染防治行动计划》进一步强调了大气污染协同治理的重要性。2015 年，新修订的《中华人民共和国大气污染防治法》中提到"国家建立重点区域大气污染联防联控机制"，这为大气污染协同治理提供了

法律保障。

2.4.3 区域生态环境与经济协同绿色发展

"实践证明，经济发展不能以破坏生态为代价，生态本身就是经济，保护生态就是发展生产力""绿水青山既是自然财富，又是经济财富""坚定不移走生态优先、绿色发展之路""要牢固树立绿水青山就是金山银山的理念"……2020 年习近平总书记在浙江、陕西、山西进行了 3 次考察，一个鲜明主题贯穿其中：生态优先、绿色发展。近几年，我国生态环境质量持续改善，区域联防联控已成常态，不仅在京津冀，长江经济带、珠三角、汾渭平原、成渝平原，而且区域、流域省份产业融合互补不断推进，绿色增长动能源源不绝。但现阶段我国不同区域仍存在经济发展不平衡的问题，例如，中西部和北方的部分地区是我国环境治理的重点区域，正处于工业化发展阶段，传统产业比重大，具有较强的路径依赖，面临经济发展和生态环境质量改善的双重压力。长江经济带既具有良好的生态、资源、环境条件，又具有先进的科技、管理技能等要素，还具有广阔的第三产业发展空间，以生态环境保护倒逼高质量发展，生态优先、绿色发展取得良好开局。因此，我国需要积极推动区域生态环境与经济协同发展，积极统筹东中西、协调南北方的思路，培育增长极，推动产业绿色转型发展，打造世界级产业集群，培育具有国际竞争力的绿色城市群。

2.5 绿色可持续发展理念、试点与创新性探索

2.5.1 新发展理念

党的十九大报告提出了新时代坚持和发展中国特色社会主义的 14 条基本方略，即 14 个"坚持"。其中第 4 条是坚定不移贯彻新发展理念，即坚持创新、协调、绿色、开放、共享的发展理念。

创新发展注重的是解决发展动力问题。创新发展就是要把发展基点放在创新上，形成促进创新的体制架构，塑造更多依靠创新驱动、发挥先发优势的引领型发展；要培育发展新动力，优化劳动力、资本、土地、技术、管理等要素配置，释放新需求，创造新供给，推动新技术、新产业、新业态蓬勃发展。创新是引领发展的第一动力。坚持创新发展，是分析近代以来世界发展历程特别是总结中国改革开放成功实践得出的结论。当今世界，经济社会发展越来越依赖于理论、制度、科技、文化等领域的创新，国际竞争新优势也越来越体现在创新能力上。谁在创新上先行一步，谁就能拥有引领发展的主动权。

协调发展注重的是解决发展不平衡问题。坚持协调发展，就是要重点促进城乡区域协调发展，促进经济社会协调发展，促进新型工业化、信息化、城镇化、农业现代化同步发展，在增强国家硬实力的同时注重提升国家软实力，不断增强发展整体性。协调是持续健康发展的内在要求。中国发展不协调是一个长期存在的问题，突出表现在区域、城乡、经济和社会、物质文明和精神文明、经济建设和国防建设等关系上。在经济发展水平落后的情况下，一段时间的主要任务是要跑得快，但跑过一定路程后，就要注意调整关系，注重发展的整体效能，否则"木桶"效应就会愈加显现，一系列社会矛盾会不断加深。

绿色发展注重的是解决人与自然和谐问题。坚持绿色发展，就是坚持节约资源和保护环境的基本国策，坚持可持续发展，坚定走生产发展、生活富裕、生态良好的文明发展道路，加快建设资源节约型、环境友好型社会，形成人与自然和谐发展的现代化建设新格局，推进美丽中国建设，为全球生态安全做出新贡献。绿色是永续发展的必要条件和人民对美好生活向往的重要体现。一方面，绿色循环低碳发展，是当今时代科技革命和产业变革的方向，是最有前途的发展领域，中国在这方面的潜力相当大，可以形成很多新的经济增长点。另一方面，当前资源、环境、生态的问题比较严峻，人民群众对清新空气、干净饮水、安全食品、优美环境的要求越来越强烈。

我国的绿色发展正在取得新突破。党的十九大报告指出，加快建立绿色生产和消费的法律制度和政策导向，建立健全绿色低碳循环发展的经济体系。构建市场导向的绿色技术创新体系，发展绿色金融，壮大节能环保产业、清洁生产产业、清洁能源产业。推进能源生产和消费革命，构建清洁低碳、安全高效的能源体系。推进资源全面节约和循环利用，实施国家节水行动，降低能耗、物耗，实现生产系统和生活系统循环链接。倡导简约适度、绿色低碳的生活方式，反对奢侈浪费和不合理消费，开展创建节约型机关、绿色家庭、绿色学校、绿色社区和绿色出行等行动。

2.5.2 绿色可持续发展相关试点示范

随着绿色可持续发展理论与实践在我国的不断发展与推进，我国政府及社会各界围绕着经济建设、社会发展、资源开发和环境保护等领域进行了卓有成效的探索，相继提出并实施了国家可持续发展实验区、国家可持续发展议程创新示范区、国家循环经济示范城市、低碳省区和低碳城市试点、碳排放权交易试点、气候适应型城市建设试点、国家绿色金融改革创新试验区等一系列与绿色可持续发展实践相关的试点与示范区。试点和示范区建设的重要意义和价值在于：因地制宜，在认识和解决不同时期区域绿色可持续发展的重点、难点问题方面改革创新、先行先试，摸索有益的新做法、新机制、新模式。国家和地方政府通过综合规划、重点突破、科技引导、机制创新、政策激励等形式，探索了不同类型地区实现绿色可持续发展的制度、政策体系、发展模式和路径、管理体制机制，各种试点和示范区建设具有重要的示范意义。

国家可持续发展实验区。1986 年，国家可持续发展实验区由原国家科委会同原国家计委和原国家体改委等政府部门共同推动，是一项地方性可持续发展综合示范试点工作，最开始称作"社会发展综合实验区"；旨在依靠科技进步、机制创新和制度建设，全面提高地方可持续发展能力，探索不同类型地区的经济、社会和资源环境协调发展的机制和模式，为不同类型地区实施可持续发展战略提供示范。1997 年 12 月 29 日，在社会发展综合实验区工作汇报会议上，将原有的社会发展综合实验区更名为"可持续发展实验区"，以突出可持续发展实践活动，全面提高地方可持续发展能力，并于 1997 年后在全国不同类型地区开始建立国家可持续发展实验区。经过 30 余年的建设和发展，实验区从试点开始，从机制、模式、组织管理、能力建设到先进示范，逐步扩展，截至 2016 年，已建成国家级实验区 189 个（含先进示范区 13 个），省级实验区 300 余个，覆盖全国 31 个省、自治区、直辖市，按行政区划和建制可分为大城市城区型、中小城市型、县域型、城镇型以及跨行政区划型等 5 种实验区，形成了资源型城市转型、生态保护和修复、社会发展、循环经济、城乡一体化、小城镇建设等 6 种类型的主题实验区，为推动我国可持续发展进程提供了良好的示范。

国家可持续发展议程创新示范区。"十三五"期间启动建设的国家可持续发展议程创新示范区是为破解新时代社会主要矛盾、落实新时代发展任务发挥带动作用，为全球可持续发展提供中国经验而做出的重要决策部署。其创建的基本原则是"创新理念、问题导向、多元参与、开放共享"。主要目标是在"十三五"期间，创建 10 个左右国家可持续发展议程创新示范区，科技创新对社会事业发展的支撑引领作用不断增强，经济与社会协调发展程度明显提升，形成若干可持续发展创新示范的现实样板和典型模式，对国内其他地区可持续发展发挥示范带动效应，对外为其他国家落实《2030 年可持续发展议程》提供中国经验。截至 2019 年年底，国务院已经批复了广东省深圳市、山西省太原市、广西壮族自治区桂林市、湖南省郴州市、云南省临沧市、河北省承德市等 6 个城市建设国家可持续发展议程创新示范区。

循环经济试点和示范基地建设。循环经济试点和示范基地建设是我国循环经济领域的工作重点之一。国家发展改革委于 2005 年和 2007 年组织开展了两批循环经济示范城市（县）创建工作，涉及省市、行业、园区和企业层面，预计到 2015 年，选择 100 个左右城市（区、县）开展国家循环经济示范城市（县）创建活动。此次国家循环经济试点示范城市（县）创建，以提高资源产出率为目标，根据自身资源禀赋、产业结构和区域特点，实施大循环战略，把循环经济理念融入工业、农业和服务业发展以及城市基础设施建设，上述试点和示范基地在建设过程中探索了循环经济发展的管理体制机制相关建设内容，为我国循环经济工作管理体制机制发展奠定了比较好的基础并积累了丰富经验。

低碳省区和低碳城市试点。低碳省区和低碳城市试点建设的主要目的是推进生态文明建设，推动绿色低碳发展，确保实现我国控制温室气体排放行动目标。国家发展改革委于 2010 年、2012 年、2017 年开展 3 批共"6 省 81 市"低碳试点省市，遵循试点、示范、推广的指导思想，旨在建成我国低碳发展的先行区和实验区，试图透过地方试点创新探索有效的低碳转型路径、政策和制度，积累在不同地区因地制宜推动绿色低碳发展的有益经验，在我国应对气候变化方面发挥引领示范作用。各试点主要任务包括明确目标和原则，因地制宜积极探索适合本地区的低碳绿色发展模式和发展路径；根据试点工作方案提出的碳排放峰值目标及试点建设目标，编制低碳发展规划；建立温室气体排放目标考核制度；以先行先试为契机，体现试点的先进性，结合本地实际积极探索制度创新；提高低碳发展管理能力，完善低碳发展的组织机构，建立工作协调机制，编制本地区温室气体排放清单，建立温室气体排放数据的统计、监测与核算体系，加强低碳发展能力建设和人才队伍建设。

碳排放权交易试点。碳排放权交易试点的建立旨在落实"十二五"规划关于逐步建立国内碳排放权交易市场的要求，推动运用市场机制以较低成本实现 2020 年我国控制温室气体排放行动目标，加快经济发展方式转变和产业结构升级。2011 年，国家发展改革委办公厅发布《关于开展碳排放权交易试点工作的通知》，正式批准上海、北京、广东、深圳、天津、湖北、重庆等 7 省市开展碳排放权交易试点工作。截至目前，7 个碳排放权交易市场已经历多年探索，在碳排放权交易系统的基础设施、社会环境、技术基础等方面日趋完善。2017 年 12 月 19 日《全国碳排放权交易市场建设方案（发电行业）》印发，标志着我国碳排放权交易体系的总体设计基本完成，全国碳排放权交易市场正式建立。我国的碳市场试点，初步建立了市场准入规则及相关法律法规，均覆盖了一些高能耗、高排放行业，如电力（7 个地区）、钢铁（5 个地区）、化工（4 个地区）等，深圳、天津等还将服务业和大型公共建筑纳入排控范围；从交易品种来看，目前我国碳排放权交易试点市场主要包括上海碳排放配额（SHEA）现货和中国核证自愿减排量（CCER）；2013年以来，我国碳交易市场十分活跃，碳配额现货成交量和成交额呈上升趋势，且增速明显。

因地制宜，气候适应型城市建设试点探索。 近年来，我国各地结合实际开展了海绵城市、生态城市等相关工作，为适应气候变化工作积累了一些有益经验，但我国城市适应气候变化工作总体上还处在起步探索阶段。国家发展改革委、住房和城乡建设部综合考虑气候类型、地域特征、发展阶段和工作基础，于2017年选择28个典型城市，开展气候适应型城市建设试点。试点地区将加强气候变化和气象灾害监测预警平台建设、基础信息收集、信息化建设和大数据应用、城市公众预警防护系统建设；针对极端天气气候事件，修改完善城市基础设施设计和建设标准；积极应对热岛效应和城市内涝，增强城市绿地、森林、湖泊、湿地等生态系统在涵养水源、调节气温、保持水土等方面的功能；保留并逐步修复城市河网水系，加强海绵城市建设，构建科学合理的城市防洪排涝体系；加强气候灾害管理，提升城市应急保障服务能力；健全政府、企业、社区和居民等多元主体参与的适应气候变化管理体系。

国家绿色金融改革创新试验区。 推动绿色金融的新尝试，有利于经济绿色转型升级。2017年6月，国务院第176次常务会议审定，在浙江、广东、贵州、江西、新疆5省区共8个地区，建设各有侧重、各具特色的绿色金融改革创新试验区，在体制机制上探索可复制可推广的经验。其中，浙江两个城市要重点探索"绿水青山就是金山银山"在金融方面的实现机制，创新绿色金融对传统产业转型升级等的服务；广东侧重发展绿色金融市场；新疆着力探索绿色金融支持现代农业、清洁能源资源，充分发挥建设绿色丝绸之路的示范和辐射作用；贵州和江西要探索如何避免再走"先污染后治理"的老路，利用良好的绿色资源发展绿色金融机制。2019年5月，《中国人民银行关于支持绿色金融改革创新试验区发行绿色债务融资工具的通知》发布，以支持试验区内企业注册发行绿色债务融资工具，鼓励试验区内企业通过注册发行定向工具、资产支持票据等不同品种的绿色债务融资工具，增加融资额度，丰富企业融资渠道。自试验区设立以来，广东省广州市在绿色金融组织体系建设、绿色金融产品和服务创新、绿色融资渠道拓宽、环境权益交易市场建设、绿色金融基础设施建设等方面取得积极成效，为粤港澳大湾区发展绿色金融奠定了基础，提供了范本。

2.5.3　绿色可持续发展战略创新与实践探索

在过去的几十年间，中国经济高速增长的同时也付出了相当的资源和环境代价。当前，我国已进入增速放缓、结构优化、追求质量的经济发展新常态，发展绿色经济成为这一经济转型关键时期的必然选择。2017 年，党的十九大报告多次强调绿色发展理念，绿色经济已上升到国家战略层面。2018 年，《政府工作报告》重点强调绿色中国建设，追求经济发展质量优先于数字增长。

创新、协调、绿色、开放、共享的新发展理念，是习近平新时代中国特色社会主义经济发展的金钥匙，也是高质量发展的指导思想。创新发展解决高质量发展中的动力问题，协调发展解决高质量发展中的不平衡问题，绿色发展解决高质量发展中的人与自然和谐问题，开放发展解决高质量发展中的内外联动问题，共享发展解决高质量发展中的公平正义问题。

深化供给侧结构性改革、推动经济高质量发展，是以习近平同志为核心的党中央深刻洞察国内国际形势变化，科学把握经济发展规律做出的具有开创性、全局性、长远性的重大决策部署。深化供给侧结构性改革、推动经济高质量发展是坚持以人民为中心发展思想、贯彻新发展理念的重要举措。我们始终坚持以人民为中心的发展思想，坚定不移贯彻新发展理念，并贯穿到高质量发展指标体系的设计中。比如，坚持创新发展，以创新为引领，努力形成高质量、多层次、宽领域的有效供给体系；坚持协调发展，促进新型工业化、信息化、城镇化、农业现代化同步发展、深度融合；坚持绿色发展，推进绿色低碳循环发展，倒逼产业转型升级；坚持开放发展，以"一带一路"倡议为统领构建全方位开放新格局；坚持共享发展，努力让广大人民群众共享改革发展成果。同时，设置与之相对应的主要指标作为"指挥棒"，将其纳入国家发展规划、年度计划，用以引导和推动经济社会发展工作。

可再生能源配额制是指政府为培育可再生能源市场、使可再生能源发电量达到一个有保障的最低水平而采用的强制性政策手段，是可再生能源总量目标控制机制。可再生能源配额制是一个以数量为基础的政策机制，它可以被视为一种固定产量比例法，即要求可再生能源发电量在总发电量中占一定的比例；国家通常规定发电商或经营电网的配电商，保证一定比例的电力必须来源于可再生能源发电。配额制为可再生能源提供了一个保护市场。而其电价则由竞争性的市场决定，在这个市场中，可再生能源可以互相竞争，寻求最低成本。

碳交易是为促进全球温室气体减排，减少全球二氧化碳排放所采用的市场机制。为了实现碳减排目标，2011年10月，应国家发展和改革委员会要求，在北京、天津和湖北等7个省市开展碳排放权交易试点，并于2013年6月之后在7个试点省市中陆续启动交易。2016年1月，国家发展改革委计划自2017年启动全国碳排放权交易，并于同年12月在全国电力行业推行。碳排放权交易市场正式在全国电力行业推行。这种渐进式的碳排放权交易机制，已逐渐成为中国应对节能减排问题的重要方式和手段。

2020年，席卷全球的新冠肺炎疫情催生、推动了新产业、新业态、新模式的发展，形成经济下行期发展的新亮色。新产业主要指以新科学发现为基础，以新市场需求为依托，引发产业体系重大变革的产业。新业态是指基于不同产业间的组合，企业内部价值链和外部产业链环节的分化、融合；行业跨界整合以及嫁接信息与互联网技术所形成的新型企业、商业乃至产业的组织形态。目前初现端倪的新产业变革，其核心是现代信息技术的深度融合应用。培育和发展新产业、新业态具有多重战略意义，业已成为进一步促进产业转型升级、支撑现代工业体系的新"发动机"，同时也是转变经济发展方式的突破口和产业结构升级的着力点，以及推动消费增长的强大引擎。在农业层面，我国因地制宜，培育壮大农村新产业、新业态，依托农村绿水青山、田园风光、乡土文化等资源，广泛重视和开发利用休闲度假、旅游观光、养生养老、创意农业、农耕体验、乡村手工艺等新产品，同时发展

"互联网+农业"，延长农业产业链，实现农业智能监控、任务目标数字管理，改变传统农业形态。在服务业层面，基于大数据、云计算、物联网的服务应用和创新也日益活跃。网购、快递、互联网金融、移动支付、在线教育等新业态快速进入百姓生活。尤其是在疫情影响下，以大数据、人工智能等数字技术为支撑的新产业、新业态迅速"补位"，云端互动、数据拼单、借网络直播带货、靠工业互联网转产等抓住产业数字化、数字产业化赋予的机遇，形成发展新动能。在制造业层面，我国以互联网为支撑的"智能化大规模定制"的方式将取代传统的"大规模标准化"的方式，制造组织虚拟化、网络化，制造方式趋于小型化、绿色化，小型"微观跨国公司"异军突起，随着生物、纳米、新能源、先进材料等技术的应用，可持续制造蓬勃发展。

参考文献

[1] 颜彭莉. 首次给 40 个城市能源发展"画像"[J]. 环境经济，2018（Z3）:74-79.

[2] 张倩. 能源转型下可再生能源发展现状研究[J]. 低碳世界，2019，9（3）:23-24.

[3] 罗佐县，许萍，邓程程，等. 世界能源转型与发展——低碳时代下的全球趋势与中国特色[J]. 石油石化绿色低碳，2019，4（1）:6-16，21.

第3章 粤港澳大湾区绿色低碳
可持续发展

粤港澳大湾区（Guangdong–Hong Kong–Macao Greater Bay Area，简称 GBA）由
广州、深圳、珠海、佛山、惠州、江门、东莞、肇庆、中山 9 个珠三角城市和香港
特别行政区、澳门特别行政区组成，区域面积约 5.6 万平方公里，2019 年年末常
住人口为 7 300 万人。自改革开放以来，特别是香港特别行政区、澳门特别行政区
回归祖国后，粤港澳三地在基础设施、投资贸易、金融服务、科技教育、生态环保
等领域的交流合作在不断加强，形成了多层次、全方位的合作格局。随着广东省各
城市的经济快速增长和城市化进程的加快，粤港澳大湾区城市在经济总量、产业密
集度、人口密集度、公共交通等基础设施以及产业高度发展等方面，具备建成国际
一流湾区和世界级城市群的良好基础。2017 年 3 月 5 日，李克强总理在《政府工
作报告》中提出"研究制定粤港澳大湾区城市群发展规划"，标志着粤港澳大湾区
建设正式成为国家重大战略。同年 7 月 1 日，国家主席习近平出席签署仪式，香港
特别行政区、澳门特别行政区、广东三地共同签署了《深化粤港澳合作 推进大湾
区建设框架协议》，粤港澳大湾区建设正式启动。

中国粤港澳大湾区是继美国纽约湾区、美国旧金山湾区、日本东京湾区之后又
一世界级湾区，是中国参与全球竞争、建设世界级城市群的重要载体。2019 年粤
港澳大湾区全年实现地区生产总值约 11.6 万亿元人民币（约合 1.66 万亿美元），
与韩国的经济体量相当，相当于全球第十一大经济体，超过澳大利亚、西班牙等传
统发达国家，人均地区生产总值达到 2.31 万美元，是中国开放程度最高、经济活
力最强、发展潜力最大的区域之一。与三大传统湾区显著不同的是，粤港澳大湾区

是一个拥有多个核心城市、"一国两制"的世界级湾区。《粤港澳大湾区发展规划纲要》（以下简称《规划纲要》）强调，"以香港特别行政区、澳门特别行政区、广州、深圳四大中心城市作为区域发展的核心引擎，增强对周边区域发展的辐射带动作用"。因此，探索构建多核联动、多方均衡的有效推进机制，强化资源整合，着力提升区域协调性和整体合力，实现均衡协调和一体化发展，是大湾区建设的核心任务。

大力推进生态文明建设，实现绿色低碳可持续发展，将是粤港澳大湾区未来发展的主旋律之一。《规划纲要》提出，到 2022 年，粤港澳大湾区基本形成生态环境优美的国际一流湾区和世界级城市群；到 2035 年，人民生活更加富裕，社会文明程度达到新高度，生态环境得到有效保护，宜居宜业宜游的国际一流湾区全面建成。本章内容将从粤港澳大湾区的总体发展目标、深圳市的低碳发展路径、深圳与大湾区协同环境治理和经济高质量发展的角度，突破单一城市的治理视野，探索大湾区城市群绿色低碳可持续发展的合作治理路径。

3.1 粤港澳大湾区发展规划与总体目标

3.1.1 总体发展目标与原则

建立粤港澳大湾区有着坚实的区域经济发展基础。现阶段，大湾区内 11 座城市已形成各自独特的产业特色和竞争优势。香港特别行政区是比肩纽约、伦敦的全球金融中心，澳门特别行政区拥有全球最发达的旅游和博彩业，深圳是中国最具科技创新力的城市，广州是国家中心城市和对外综合性门户城市，东莞、佛山、中山等城市拥有强大的制造业。粤港澳大湾区的初衷，是通过三地资源要素的高效流动、文化制度的交融创新，进一步激发经济增长潜力，提升粤港澳大湾区整体国际竞争力，更高水平参与国际合作和竞争。《规划纲要》以"创新驱动，改革引领""协调发展，统筹兼顾""开放合作，互利共赢""共享发展，改善民生""一国两制，依法办事"五项基本发展原则为纲，对大湾区发展的战略定位做出了五大规划，即：最终成为充满活力的世界级城市群、具有全球影响力的国际科技创新中心、"一带一路"建设的重要支撑、内地与港澳深度合作示范区和宜居宜业宜游的优质生活圈。《规划纲要》还对 2022 年、2035 年大湾区发展目标做出如下展望：

到 2022 年，粤港澳大湾区综合实力显著增强，粤港澳合作更加深入广泛，区域内生发展动力进一步提升，发展充满活力、创新能力突出、产业结构优化、要素流动顺畅、生态环境优美的国际一流湾区和世界级城市群框架基本形成。

到 2035 年，大湾区形成以创新为主要支撑的经济体系和发展模式，经济实力、科技实力大幅跃升，国际竞争力、影响力进一步增强；大湾区内市场高水平互联互通基本实现，各类资源要素高效便捷流动；区域发展协调性显著增强，对周边地区的引领带动能力进一步提升；人民生活更加富裕；社会文明程度达到新高度，文化软实力显著增强，中华文化影响更加广泛深入，多元文化进一步交流融合；资源节约集约利用水平显著提高，生态环境得到有效保护，宜居宜业宜游的国际一流湾区全面建成。

3.1.2　创新驱动区域协调发展

世界上一流的湾区都具有一流的创新能力，粤港澳大湾区也不例外。世界知识产权组织发布的《2019 年全球创新指数报告》显示，中国深圳-香港特别行政区位列全球第二大创新集群，超过了美国硅谷的圣何塞-旧金山创新集群，排名在日本的东京-横滨之后。世界知识产权组织同时表示，健全的政府规划对于实现成功创新至关重要，在国家政策中优先考虑创新的国家排名得到显著提升，中国和印度等大国在指数中的排名上升改变了创新的格局，体现了政策行动能够促进创新。但当前粤港澳大湾区的科技创新体制机制仍存在诸多问题，协同发展机制和利益分配协调机制仍不够完善，创新要素尚未实现自由流动，科技教育合作交流的广度和深度不够，协同创新能力有待进一步提升。

"协同创新"的定义最早由美国麻省理工学院研究员彼得·葛洛给出，即"由自我激励的人员所组成的网络小组形成集体愿景，借助网络交流思路、信息及工作状况，合作实现共同的目标"。国内研究者认为协同创新的本质属性是一种管理创新，亦即如何创新管理模式，打破部门、领域、行业、区域甚至国别的界限，实现地区性及全球性的协同创新，构建起庞大的创新网络，实现创新要素最大限度的整合。随着研究的深入，区域协同创新内部形成机理和实际应用方面逐渐引起了国内外学术界的重视。英国卡迪夫大学库克教授率先提出"区域创新系统"的概念，他强调区域创新系统是由在地理上存在分工和相互关联的生产企业、研究机构和高等教育机构等构成的区域性组织体系，这种体系有利于推动区域内的知识创新、技术创新、知识传播和知识应用，并为产业结构升级和经济高质量增长提供支撑。结合国内外学界、政界及企业界的相关论述，区域协同创新的内涵可以概括为：区域之间，甚至国家之间的不同创新主体，基于共同目标、内在动力和有机配合，对各种创新资源和要素进行有效汇聚、整合和共享，加速科学技术创新和产业化活动，从而产生整体效应最优的过程和活动。区域协同创新的本质是通过政府的引导和机制安排，促进高等院校、科研机构、企业、中介机构等不同主体发挥各自优势，为实现创新增值而开展的一种跨界整合，并在创新过程中追求更高质量和更高效益的经济增长。

综观旧金山湾区、纽约湾区的实践经验，协同创新是整合创新资源和提升创新效率的最有效途径。因此，推动粤港澳大湾区协同创新具有重要的意义。第一，推进粤港澳大湾区协同创新是我国加快建设创新型国家和世界科技强国的必然选择。大湾区是我国最具活力的创新区域之一，香港特别行政区科研院校积累了大量的前端技术和专利成果，珠三角产业链条完善，科技成果转化市场前景广阔。因此，推进三地深入开展创新及科技合作，既有利于统筹利用全球创新资源，牢牢掌握创新主动权，又有利于提升整体创新能力和水平。第二，协同创新是粤港澳大湾区增强经济创新力和竞争力的关键举措。珠三角的产业根基是传统制造业，但随着劳动力、土地、环境成本的日益上升，过去传统粗放的发展模式难以为继，迫切需要发挥香港特别行政区发达的基础研究优势和珠三角产业门类齐全优势，加快新旧动能接续转换，协作开展产业技术创新和科技成果产业化活动，构建以创新为引领的现代产业体系，不断增强大湾区经济创新力和竞争力。第三，协同创新是粤港澳大湾区建设国际科技创新中心的内在需求。当前大湾区各城市之间的科技力量自成体系、独立运行、分散重复，只有通过体制机制创新突破，实现各种高端资源要素的自由流动和创新资源的开放共享，构建区域协同创新共同体，才能加快实现建成国际科技创新中心的目标。

3.1.3 绿色节能低碳的城市建设运营模式和生产生活方式

近年来粤港澳大湾区在大气环境治理、能源转型方面成果突出，空气质量得到持续改善，成为中国东部唯一一个非化石能源占比达标的地区，区域内广州、深圳、中山还入选国家低碳试点城市。但是，粤港澳大湾区距离全球一流湾区和城市群的目标还较远，在能源结构、碳排放、空气质量、生态保护等方面仍有较大提升空间。例如，旧金山湾区提出 2050 年碳排放强度相比 1990 年下降 80% 的目标，就为湾区树立了长远的减排目标和发展标杆。

鉴于此，《规划纲要》提出要以建设美丽湾区为引领，在 2022 年之前在湾区范围内初步确立绿色智慧节能低碳的生产生活方式和城市建设运营模式，居民生活更加便利、更加幸福。具体来看，《规划纲要》从打造生态防护屏障、加强环境保护和治理以及创新绿色低碳发展模式 3 个方面部署了大湾区的生态文明建设工作，其中涉及多项区域间统筹规划、联防联控、协同治理、经验共享的工作机制与内容。

在打造生态防护屏障方面，要求加强粤港澳生态环境保护合作，实施重要生态系统保护和修复重大工程，构建生态廊道和生物多样性保护网络，提升生态系统质量和稳定性，共同改善生态环境系统。

在环境保护和治理方面，要求推进城市黑臭水体环境综合整治，贯通珠江三角洲水网，构建全区域绿色生态水网。强化区域大气污染联防联控，实施多污染物协同减排，统筹防治臭氧和细颗粒物（$PM_{2.5}$）污染。加强危险废物区域协同处置能力建设，强化跨境转移监管，提升固体废物无害化、减量化、资源化水平。开展粤港澳土壤治理修复技术交流与合作，积极推进受污染土壤的治理与修复示范。

在创新绿色低碳发展模式方面，加强低碳发展及节能环保技术的交流合作，进一步推广清洁生产技术。推动大湾区开展绿色低碳发展评价，力争碳排放早日达峰。推广碳普惠制试点经验，推动粤港澳碳标签互认机制研究与应用示范。

在大湾区各个城市以及广东省近年来出台的政府文件中，多项涵盖绿色节能低碳的生产生活方式的发展要求被提及，包括大力发展绿色制造，创建绿色工厂和绿色园区，建设绿色金融改革创新试验区，建设绿色发展示范区，以绿色低碳技术创新和应用为重点，加快推进绿色低碳产业体系建设。纵观全局，绿色节能低碳生产生活方式和城市建设运营模式的发展理念全面贯穿着湾区的规划蓝图，积极顺应我国生态文明建设总体要求，体现出粤港澳大湾区打造高质量发展典范的理念。

3.2 深圳绿色低碳可持续发展

3.2.1 深圳发展现状

深圳市地处广东省南部、珠江口东岸，总面积 1 997.47 平方公里。深圳于1979 年建市，1980 年设立经济特区，因改革开放而诞生，因改革开放而发展。短短 40 年时间，深圳从一个海滨小渔村快速发展成为一座充满活力、创新力的中国一线城市和国际化大都市。2019 年，深圳市常住人口达到 1 343 万人，完成地区生产总值 26 927.09 亿元，在全国仅次于上海和北京，位居亚洲城市前五；实现人均生产总值 203 489 元（约合 29 498 美元）。在 2019 年中国社会科学院发布的《中国城市竞争力第 17 次报告》中，深圳超越香港特别行政区、上海、广州等传统经济强市，在综合经济竞争力方面位列中国城市首位。

卓越的创新能力是深圳闪亮的标签。深圳是全国首个国家创新型城市和全国首个以城市为基本单元的国家自主创新示范区，并致力于成为未来的"全球创新创业创意之都"。2018 年，深圳全社会研发投入占地区生产总值的比重为 4.2%，是全国平均水平的两倍，接近世界排名第一的以色列水平（4.4%）；PCT 国际专利申请量达 1.8 万件，约占全国总量的 34.6%，其中华为公司以 PCT 国际专利申请 5 405件居全球企业第一；全市每万人发明专利拥有量达 91.25 件，是全国平均水平（11.5件）的 7.9 倍，有效发明专利 5 年以上维持率达 85.6%；5G 技术、无人机、基因测序、新能源汽车等领域技术水平居世界前列。此外，深圳是我国新兴产业规模最大、集聚性最强的城市，新兴产业增加值占地区生产总值比重超过 40%，已经拥有国家超级计算深圳中心、深圳国家基因库等一批重大科技基础设施。

在努力提升科技创新实力的同时，深圳对于生态环境治理工作高度重视，以前所未有的力度加强环境保护，全面加强污染治理、环保监管和生态建设。在环境改善方面，深圳近年来成果显著，生态环境质量持续向好，多项指标快速提升，环境质量已位居全国城市前列，正在跻身世界先进水平。2019 年，深圳市空气质量综合指数在全国 168 个重点城市中排名第 9，连续 7 年排名前 10，在珠三角地区排名第 1。特别是细颗粒物（PM$_{2.5}$）浓度年均值下降至 24μg/m^3，在 2006 年有监测数据以来首次达到世界卫生组织第二阶段标准，创历史最好水平；全年灰霾天 9 天，较 2018 年大幅下降 11 天，为 1989 年以来最少，"深圳蓝"成为常态。作为一个人口和经济活动高度集聚的超大城市，深圳是全国第一个实现空气质量达标的特大型城市，为其他城市和地区提供了积极的借鉴意义。在其他环境指标方面，依据《2019 年度深圳市环境状况公报》，深圳市水环境质量总体改善，主要饮用水源水质良好，符合饮用水源水质要求；河流水质实现历史性突破；东部近岸海域海水水质保持为优，西部近岸海域海水水质污染程度有所减轻；城市区域环境噪声处于一般（三级）水平；辐射环境状况良好。

深圳是国家低碳城市试点、碳排放交易试点，也是全国首个 C40 城市气候领导联盟成员城市。在低碳经济时代，深圳碳排放强度（单位 GDP 碳排放指标）处于全球先进水平，全市碳排放强度 2016—2018 年 3 年内累计下降 10.9%。深圳碳排放权交易所已成为中国最活跃的碳交易市场。2019 年，深圳碳市场配额成交量（单位 GDP 碳排放指标）1 457.71 万吨，成交额 1.47 亿元，中国核证自愿减排量

（CCER）成交量为 223.88 万吨。自 2013 年深圳碳排放权交易市场启动至今，深圳碳市场配额总成交量 5 673 万吨，总成交额 13.52 亿元，市场流转率呈现逐年递增的态势，对深圳和全国经济的低碳发展起到了积极的促进作用。

3.2.2　总体目标：高质量发展高地、可持续发展先锋

"高质量发展高地""可持续发展先锋"是《中共中央 国务院关于支持深圳建设中国特色社会主义先行示范区的意见》（以下称《意见》）中，对深圳未来发展所做出的重大战略定位。《意见》要求，到 2025 年，深圳经济实力、发展质量跻身全球城市前列，生态环境质量达到国际先进水平，建成现代化国际化创新型城市；到 2035 年，深圳高质量发展成为全国典范，城市综合经济竞争力世界领先，成为我国建设社会主义现代化强国的城市范例。

《深圳市可持续发展规划（2017—2030 年）》对深圳的高质量和可持续发展目标做出了清晰的筹划，提出深圳将努力在 2025 年成为可持续发展国际先进城市，创新能级跻身世界先进城市行列，公共产品和服务的供给能力显著提高，率先建成天蓝地绿水清的生态之城；在 2030 年成为可持续发展的全球创新城市，全面建成国际科技产业创新中心，成为全球可持续发展的典范，为我国落实联合国《2030 年可持续发展议程》做出卓越贡献。

在过去多年的发展中，深圳扎实贯彻高质量发展理念，以供给侧结构性改革为主线，推动产业转型升级、经济结构优化、经济质量提升，基本形成了支持高质量发展的现代产业体系。2019 年，深圳经济结构中 3 大产业的比重从 2018 年的 0.1∶39.6∶60.3 调整为 0.1∶39.1∶60.8，以金融业、文化创意产业为代表的现代服务业在地区生产总值占比升高，意味着"工业型经济"不断向"服务型经济"转型，经济结构不断改善，产业结构更加合理，可持续发展韧性进一步增强。在增长动力转换方面，深圳在 7 大战略性新兴产业领域实力突出，带动效应明显，使得经济发展主引擎更加强劲，实体经济质量更高，推动经济高质量发展。据统计，2019 年深圳 7 大战略性新兴产业实现增加值 10 155.51 亿元，同比增长 8.8%，高于深圳市

地区生产总值增速 2.1 个百分点，占地区生产总值比重为 37.7%。其中，新一代信息技术产业增加值为 5 086.15 亿元，同比增长 6.6%；数字经济产业为 1 596.59 亿元，同比增长 18.0%；绿色低碳产业为 1 084.61 亿元，同比增长 5.3%。战略性新兴产业是一批对经济社会全局和长远发展具有重大带动作用、成长潜力巨大的产业，科技含量高、综合效益好。战略性新兴产业对深圳经济发展的带动特征明显，对经济增长起到显著支撑作用，代表着深圳经济增长成色高、含金量足，科技创新驱动的效果明显。

在可持续发展方面，深圳一直将生态环境保护和经济社会发展置于同等重要的位置，近年来大力推动绿色发展、循环发展、低碳发展，走出了一条经济发达地区绿色低碳发展之路，绿色低碳优势显著。深圳先后获得国家"园林城市"、国际"花园城市"、联合国环境保护"全球 500 佳"等荣誉称号，精心打造"世界著名花城"，全市各类公园共计 1 090 个，面积达到 3.1 万公顷，建成"千园之城"，成为名副其实的"公园里的城市"。目前深圳有 17.9 万名环保义工、119 个环保组织、10 万多名"河小二"活跃在污染防治攻坚战的一线，形成了全方位立体推进的攻坚格局。全市近一半土地划进生态保护范围，拥有绿道 2 400 公里、生态景观林带 2 638 公顷。深圳在全国率先颁布了《深圳经济特区循环经济促进条例》，绿色建筑总面积达 5 320 万平方米，规模位居全国前列。深圳是全球新能源汽车推广规模最大的城市之一，已累计推广新能源汽车 7.2 万辆。对于 2020 年的环境目标，深圳提出了更高的标准：空气质量指数达标率不低于 96%，$PM_{2.5}$ 年均浓度不高于 $25 \mu g/m^3$，稳定达到欧盟标准；5 大干流水质稳定达标，159 个水体、1 467 个小微水体稳定消除黑臭。

虽然深圳在实现高质量、可持续发展方面的成果显著，但未来仍然面临诸多问题和挑战。例如，深圳地域面积较小、发展空间和土地资源严重不足、资源环境承载压力大、公共服务资源供给不足、社会治理支撑力不足、基础研究水平相对薄弱、源头创新供给能力不足等。坚持绿色发展、创新引领，加快推动科技创新与社会发展深度融合，探索可复制、可推广的超大型城市可持续发展路径，为中国和世界的其他主要城市提供示范，是深圳未来的发展重任。

3.2.3　具体目标：碳排放达峰、空气质量达标、经济高质量增长

2015 年 9 月 25 日，联合国可持续发展峰会在纽约联合国总部召开，会议通过了一份由 193 个会员国共同达成的成果文件——《改变我们的世界：2030 年可持续发展议程》。中国是可持续发展议程的全程参与者和重要推动者，承诺积极推行以可持续的方式进行生产和消费，在气候变化问题上立即采取行动，使地球能够满足今世后代的需求。《2030 年可持续发展议程》对于中国未来的发展既是机遇，也是挑战。在这一背景下，2017 年深圳提出建设国家可持续发展议程创新示范区，吹响了为中国可持续发展率先探路的号角。同年，深圳发布了《深圳市可持续发展规划（2017—2030 年）》和《深圳市国家可持续发展议程创新示范区建设方案（2017—2020 年）》，对未来环境、经济和社会的发展规划做出了相关部署（具体指标详见表 3-1），规划要求：

表 3-1　　　　　　　　　　　深圳生态环境和经济可持续发展规划目标

类别	指标名称	2016	2020	2025	2030	指标属性
创新驱动	全社会研发支出占地区生产总值比重（%）	4.10	4.25	4.50	4.80	预期性
	每万人发明专利拥有量（件）	80.1	84.0	85.0	92.0	预期性
	PCT 专利申请量（万件）	1.96	2.30	2.50	3.00	预期性
	每万名就业人数中研发人员数量（人/年）	185	190	200	210	预期性
	科技进步贡献率（%）	60.7	62.0	63.0	64.0	预期性
经济发展	人均地区生产总值（万元）	16.86	17.60	18.50	20.00	预期性
	新兴产业增加值占地区生产总值比重（%）	40.3	42.0	42.5	43.0	预期性
	第三产业增加值占地区生产总值比重（%）	60.5	60.0	61.0	62.0	预期性
	先进制造业增加值占规模以上工业增加值比重（%）	69	72	76	80	预期性
	居民人均可支配收入（万元）	4.87	6.00	8.00	10.00	预期性

（续表）

类别	指标名称	2016	2020	2025	2030	指标属性
环境提升	万元 GDP 水耗（立方米）	10.22	10.00	7.18	5.56	约束性
	细颗粒物年均浓度（$\mu g/m^3$）	27	25	20	15	预期性
	臭氧日最大 8 小时平均浓度限值（$\mu g/m^3$）	135	135	130	120	预期性
	城市污水集中处理率（%）	91.5	95.5	97.0	98.0	预期性
	再生水利用率（%）	75	90	90	90	预期性
	生活垃圾资源化利用率（%）	55	80	85	90	预期性
	建成区绿化覆盖率（%）	45.1	45.1	45.3	45.5	预期性

数据来源：《深圳市可持续发展规划（2017—2030 年）》。

● 到 2020 年，建成国家可持续发展议程创新示范区。节约集约和循环利用资源水平大幅提升，实现环境质量的显著改善和全面提升，$PM_{2.5}$ 年均浓度控制在 $25\mu g/m^3$ 以下，彻底消除城市黑臭水体，初步建成天蓝地绿水清的美丽家园。创新生态体系更加完善，基本形成以创新为主要引领和支撑的现代化经济体系。

● 到 2025 年，建成可持续发展国际先进城市。率先建成天蓝地绿水清的生态之城、美丽家园，优质的山海资源得到有效保护，$PM_{2.5}$ 年均浓度控制在 $20\mu g/m^3$ 以下。公园布局体系更趋完善，城市公园与公共开敞空间便捷可达，城市绿道和生态连廊互联互通，天更蓝水更清，市民绿色福利大幅提升。绿色发展模式进一步完善，创新驱动对经济增长的内生动力持续强化，新兴产业主引擎作用更加突出。

● 到 2030 年，建成可持续发展的全球创新城市，可持续发展达到国际一流水平，形成一系列可以向全球推广复制的可持续发展经验，为我国落实联合国《2030 年可持续发展议程》做出卓越贡献。全面形成宜居、协调的绿色家园城市，拥有高度的生态文明，建成美丽中国典范城市，天蓝地绿水清的优美生态环境成为常态，$PM_{2.5}$ 年均浓度达到 $15\mu g/m^3$ 以下。全面建成国际科技产业创新中心，创新能级跃居世界城市前列，成为我国建设创新型国家和世界科技强国的战略支点，以及辐射全国、面向全球的创新枢纽。

● 到 2035 年，建成可持续发展的全球创新之都，实现社会主义现代化，成为全球卓越的国家经济特区、"一带一路"倡议的战略支点、粤港澳大湾区核心引擎城市、全球科技产业创新中心、全球海洋中心城市。

推动"碳排放早日达峰"对于深圳实现可持续发展同样有重要意义，这不仅有助于加快形成绿色低碳转型的发展模式和倒逼机制，还有助于协同推动经济的高质量发展和生态环境的高水平保护。2010 年，深圳市成为国家发展改革委第一批低碳试点城市，标志着"低碳发展"正式成为深圳的重要发展战略。2012 年，深圳市发展改革委发布了《深圳市低碳发展中长期规划（2011—2020 年）》，提出到 2015 年和2020 年，万元 GDP 二氧化碳排放分别比 2005 年下降 39%、45%，达到 0.90 吨和0.81 吨，同时单位 GDP 能耗降至 0.398 吨标准煤/万元和 0.366 吨标准煤/万元。2015 年 11 月，在第一届中美气候智慧型/低碳城市峰会上，深圳市进一步承诺要争取成为我国首批提前达到碳峰值的城市，即到 2022 年实现达峰。

3.3 深圳与粤港澳大湾区协同绿色发展

3.3.1 深圳在粤港澳大湾区的战略定位

《粤港澳大湾区发展规划纲要》提出，大湾区要成为具有全球影响力的国际科技创新中心，深圳要努力成为具有世界影响力的创新创意之都。此外，《规划纲要》还为大湾区发展的空间布局做出了前瞻部署，其中明确提出要打造"构建极点带动、轴带支撑"的网络化湾区空间格局，特别是"发挥香港特别行政区-深圳、广州-佛山、澳门特别行政区-珠海强强联合的引领带动作用，深化港深、澳珠合作""提升整体实力和全球影响力，引领粤港澳大湾区深度参与国际合作"。以上两点，对深圳在粤港澳大湾区背景下的职责和定位做出了明确要求：一是发挥科技创新中心的作用，整体提升湾区科技创新实力；二是深化港深合作，实现两地资源要素的高效配置，发挥极点带动作用，提升大湾区整体实力和全球影响力。

近年来，深圳的科技创新在中国城市中显得格外耀眼，诞生了华为、中兴、大疆、比亚迪、传音、创维、TCL、腾讯等大批的知名科技公司。2019 年深圳《政府工作报告》指出，深圳全社会研发投入占地区生产总值比重、PCT 国际专利申请量全国领先，国家级高新技术企业数量居全国第二。在大湾区 11 城中，深圳的科技创新实力格外突出，对比深圳和广州、香港特别行政区的研发强度可以看出明显差距。2017 年，广州研发投入强度为 2.5%，香港特别行政区是 0.73%，深圳则高达 4.13%，投入创新资金高达 900 亿元，深圳在研发投入方面遥遥领先。此外，在工业企业研发支出占比、研发人员密度、获得创投资金量等指标方面，深圳也均优于广州和香港特别行政区。《粤港澳大湾区发展规划纲要》对于深圳在粤港澳大湾区中的目标定位是要加快建成现代化国际化城市，特别提出要建设成为具有世界影响力的创新创意之都，非常契合深圳作为科技创新城市的定位。《中共中央　国务院关于支持深圳建设中国特色社会主义先行示范区的意见》对深圳在大湾区中的职责做了清晰描述："以深圳为主阵地建设综合性国家科学中心，在粤港澳大湾区国际科技创新中心建设中发挥关键作用"。发挥自身科技创新的实力优势，加强基础研究和应用基础研究，结合港澳科技创新资源、国际化等优势，积极吸引和对接全球创新资源，为国际创新中心建设注入强大动力，带动大湾区整体科技创新能力更上一个台阶，是深圳在大湾区发展蓝图中的核心使命。

从深圳经济特区设立以来，深港两地的交流和融合就不断深入。早期的深港交流始于贸易领域的合作，香港特别行政区制造业大量转移至深圳，逐渐形成"前店后厂"的合作模式。2003 年《内地与香港特别行政区关于建立更紧密经贸关系的安排》签署，深港合作开始逐渐摆脱低端的"三来一补"模式，高端制造以及服务贸易领域的合作逐渐提上议事日程。2011 年，深圳市"十二五"规划纲要首次提出"深港融合"的思路，将深港合作与发展关系推上了新的阶段，并在前海正式设立合作区，切实发展深港融合，开始从产业、金融到法治政府、司法改革、制度建设等领域的全面合作。香港特别行政区是国际金融、航运、旅游、贸易、教育中心和国际航空枢纽，深圳是经济特区、全国性经济中心城市和国家创新型城市，两地各有清晰的定位和能够高度互补的产业优势。深圳市委书记王伟中在2019 年谈道："深港合作是我们在粤港澳大湾区建设当中，要全力来推进的工作，把深港这一极能够做到更强更大。"作为大湾区经济体量排名首位和次位的两座城市，深圳与香港特别行政区之间的互动与合作在湾区的发展格局中起着举足轻重的作用。深化港深合作，将深圳-香港特别行政区打造成为湾区乃至全国经济新旧动能转换和高质量发展的重要增长极，在湾区框架下不断发挥引领带动的作用，是深圳在湾区发展蓝图中的重要责任。

3.3.2 深圳与粤港澳大湾区的经济和产业关联

依据产业发展现状，粤港澳大湾区可分为湾区西岸、东岸以及港澳地区。西岸地区主要为技术密集型产业带，以装备制造业、传统制造业为主，产品包括机械设备、航空设备、家电、金属加工、电子电器等。东岸主要为知识密集型产业带，以 IT 产业和高科技产业为主，其中包括互联网、人工智能、生物医药、新能源汽车等。深圳作为东岸的中心城市，近年来持续推动产业升级，坚定"腾笼换鸟"，大量的电子制造、现代物流等劳动密集型产业向东莞、惠州等邻近城市转移。大湾区内金融、贸易、物流等现代服务业则主要集中于香港特别行政区、澳门特别行政区、广州、深圳 4 个核心城市。粤港澳大湾区 11 个城市的传统优势产业见表 3-2。

表 3-2 　　　　　　　　　　粤港澳大湾区 11 个城市传统优势产业

城市	支柱产业
深圳	金融、贸易、物流、互联网、电子信息、生物医药、新能源、新材料、创意文化、科技服务
香港特别行政区	金融、贸易、物流、教育、法律、旅游、科技服务
澳门特别行政区	博彩、旅游、金融、房产建筑
广州	汽车、电气机械及器材制造、石化、电子、批发零售、金融、房地产、租赁和商务服务、交通运输
东莞	电子信息、电气机械、家具、纺服、造纸、玩具、化工、食品饮料
惠州	数码、石化、服装、制鞋、水泥、汽车及零部件

（续表）

城市	支柱产业
佛山	建材家具、家电、灯饰、陶瓷、机械设备
中山	医药、电子、电器、化工、五金、灯饰、服饰、家具
珠海	电子信息、家电电器、生物医药、石油化工、机械制造、电力能源
江门	汽车、摩托车、船舶、麦克风、五金卫浴、纺织、电子信息、石化、印刷、新材料、制鞋
肇庆	汽车零部件、电子信息、农产品、金属加工、食品饮料、化工

资料来源：《2019 粤港澳大湾区经济发展蓝皮书》。

依据深圳 2018 年的经济数据，目前深圳的产业结构凸显"3 个为主"：

经济增量以高新技术产业为主。2018 年，在 4 大支柱产业中（见表 3-3），金融业增加值 3 067.21 亿元，比上年增长 3.6%；物流业增加值 2 541.58 亿元，比上年增长 9.4%；文化创意产业增加值 1 560.52 亿元，比上年增长 6.3%；高新技术产业增加值 8 296.63 亿元，比上年增长 12.7%。

工业以先进制造业为主。2018 年先进制造业和高技术制造业增加值分别为 6 564.83 亿元和 6 131.20 亿元，较上一年分别增长 12.0% 和 13.3%，在规模以上工业增加值中的占比分别提升至 72.1% 和 67.3%。

三产以现代服务业为主。服务业占地区生产总值比重 60.5%，现代服务业占服务业比重提高至 70% 以上。

表 3-3　　　　　　　　　　　　　　深圳市重点产业

4 大支柱产业	战略性新兴产业	未来产业
文化创意产业 高新技术产业 物流业 金融业	新一代信息技术产业 高端装备制造产业 绿色低碳产业 生物医药产业 数字经济产业 新材料产业 海洋经济产业	生命健康产业 航空航天产业 机器人产业 可穿戴设备产业 智能装备产业

3.3.3　深圳与粤港澳大湾区物流、能流、技术流的密切关联

深圳与粤港澳大湾区人流、物流交往频繁。作为粤港澳大湾区发展的核心引擎之一，深圳快速增长的经济体量为城市交通基础设施发展提供了巨大的需求支撑。在国家"一带一路"、粤港澳大湾区建设和交通强国战略背景推进下，深圳正在形成港口、机场、高铁、路网融为一体的大交通发展格局，成为汇聚湾区范围内人流、车流的核心节点。作为中国首个改革开放窗口，深圳是我国拥有口岸数量最多、出入境人员最多、车流量最大的口岸城市，目前拥有经国务院批准对外开放的一类口岸15个。其中：公路口岸6个，分别是罗湖、文锦渡、皇岗、沙头角、深圳湾、福田口岸；铁路口岸1个，即广深港高铁西九龙站口岸；水运口岸7个，分别是盐田港、大亚湾、梅沙、蛇口、赤湾、妈湾、大铲湾口岸；航空口岸1个，为深圳宝安国际机场。2019年，经深圳口岸出入境人员达到2.4亿人次，日均66万人次；出入境车辆1 431.1万辆次，日均3.9万辆次。深圳机场近些年也获得大发展，2019年旅客吞吐量首次突破5 000万人次大关，达5 293.2万人次，位列全国机场第五，同比增长7.3 %，增速在国内前十大机场中位列第二，正式跻身全球最繁忙大型机场行列。

《粤港澳大湾区发展规划纲要》明确要求，大湾区要加快提升珠三角港口群的国际竞争力，建设世界级机场群，构筑大湾区快速交通网络，畅通对外综合运输通道，最终构建现代化的综合交通运输体系。对于深圳而言，具体要求包括实施深圳机场的改扩建，加快广州–深圳国际性综合交通枢纽建设，加快构建以广州、深圳为枢纽的高速公路、高速铁路和快速铁路，成为未来连接泛珠三角区域和东盟国家的陆路国际大通道。2019年深圳在《政府工作报告》中提出，要将深圳建造成大湾区国际综合交通枢纽。可以预见，在粤港澳大湾区建设、国家"一带一路"、交通强国等多项顶层战略的支撑下，未来深圳作为主要出入境口岸和交通枢纽的地位将得到进一步的强化和提升，海路、空路、陆路交通将进入新一个快速发展期，逐步成为一个联通大湾区、辐射国际国内的全方位立体化交通枢纽。

　　深圳与粤港澳大湾区能流、技术流频繁互动。1994 年 2 月 5 日，位于深圳大鹏半岛的大亚湾核电站建成并投入商业运行，实现了中国人掌握现代核电技术的梦想。大亚湾核电站所生产的电力 70% 输往香港特别行政区，约占香港特别行政区社会用电总量的 1/4。此外，近年来位于深圳的中国广核集团利用在核电技术方面的优势，积极对外推广核电技术，在大湾区内新建设了台山核电基地、惠州核电基地，提升核电作为清洁能源在电力结构中的占比，推动大湾区清洁电力革命。这是深圳在大湾区绿色能源流与绿色科技流方面的一个缩影。绿色低碳产业属于深圳 7 大战略性新兴产业之一。在相关科技产业方面，深圳的表现尤为亮眼，在光伏、风电、生物质能、储能、新能源汽车、智能电网等新能源领域优势明显。

　　目前深圳在科技研发、装备制造、产品生产、应用推广等方面形成了较为完整的产业链，诞生了拓日、禾望、能源环保、比亚迪、比克、威迈斯、汇川、科陆电子等一批知名企业。深圳是全球新能源汽车推广规模最大的城市之一，已累计推广新能源汽车 7.2 万辆，出租车和公交车实现全面电动化，成为全球首个公交、出租车全面电动化城市，新能源汽车等领域技术水平居世界前列。依据《深圳市可持续发展规划（2017—2030 年）》，深圳未来将推动在新能源领域产生一批原创性重大科技成果，成长一批世界领先的龙头企业和隐形冠军，形成一批全球价值链高端产业集群，引领整个大湾区构建绿色交通、绿色低碳能源发展体系。

3.3.4　深圳与粤港澳大湾区的跨界污染问题

　　粤港澳地区人口稠密，工业高度发达，城镇密集分布，受益于经济快速发展的同时，也承受着各种类型的环境污染问题，严重影响了整体区域经济的可持续发展。经济上高度紧密，跨界污染问题在大湾区城市之间同样普遍存在，尤其是大气污染、水体污染的跨界问题显得尤为突出。

　　近年来，随着一系列污染防控措施的推行，大湾区空气质量有明显改善，2018 年，香港特别行政区、澳门特别行政区和广东九市的 $PM_{2.5}$ 平均浓度已分别降至 $20\mu g/m^3$、$23\mu g/m^3$ 和 $32\mu g/m^3$，但距离世界卫生组织规定的年均 $10\mu g/m^3$ 的 $PM_{2.5}$

空气质量指导值仍有较大差距。今年一项研究表明，外来污染物跨界转移是造成大湾区城市 $PM_{2.5}$ 污染的主要因素，贡献量达到 51% ~ 72%。在不同的季节，本地排放和跨界污染的占比会有所波动，一般本地排放对 $PM_{2.5}$ 污染的总量贡献占 28% ~ 94%，跨界污染占 6% ~ 72%。因此，仅凭单一城市的环境治理无法解决 $PM_{2.5}$ 污染的根本性问题，迫切需要根据大湾区不同空气域的污染物特征和大气环流特征制定区域协同的 $PM_{2.5}$ 控制措施。

在地理上，大湾区南朝辽阔的南海，三面环山，三江汇聚，具有漫长海岸线、良好港口群、广阔海域面。但整体而言，大湾区内水污染排放物不容乐观，珠江水域、重点河流污染严重。珠三角地区河网密布，跨界河流众多，深圳河、淡水河、茅州河、小东江、独水河、前山河、广佛跨界河涌等跨界水体污染问题比较突出，这些都向大湾区建设优质生活圈提出了挑战。根据广东省 2019 年第一季度重点河流水质状况统计，全省 28 个跨地级以上城市河流交接断面总达标率为 82.8%，其中，深圳、惠州、东莞、中山等大湾区城市存在跨地级以上城市河流交接断面水质为劣 V 类、未稳定达标的情况。《重点流域水污染防治规划（2016—2020 年）》显示，珠江水域还存在着污水排放不达标、污水处理设施不完善、管网配套不足、排污布局与水环境承载能力不匹配等现象，部分水体存在黑臭现象，氮、磷等污染问题日益凸显，水环境质量差、水资源供需不平衡、水生态受损严重、水环境隐患多等问题相对突出。可以看出，大湾区的水环境现状堪忧，这将成为大湾区优质生活圈建设的一大难题。

以深圳-香港特别行政区跨界污染问题为例，深港两地目前共同面临着跨界水污染、空气污染和固体废物处理 3 个严峻的环境问题。深圳河作为深港的界河，由于流经地区人口和建筑较密集，污染问题严重。虽然近几年对深圳河的系统性治理使得整体水质有了明显的改善，但至今深圳河湾流域部分暗渠支流水质还未达标，龙岗、布吉河上游等部分片区尚未完成雨污分流管网铺设，皇岗河等也暂采取总口截污模式，降雨期间对深圳河干流水质影响较大。根据《2018 年广东省环境状况公报》，广东省 19 条入海河流中，仅有 2 条水质劣于 V 类，而深圳河就是重度污染的两条河之一，污染指标有氨氮、总磷和五日生化需氧量。在跨界空气污染方面，深港作为核心大都会区和码头航运发达的物流中心区，机动车和停靠船的数量庞大，再加上工业污染物排放，对于深港的大气污染治理和节能减排工作形成挑战。在固体废物处理方面，湾区各大城市"垃圾围城"的问题均迫在眉睫，而处理方案一直受各方阻力悬而未决。

2017 年 7 月 1 日，粤港澳三地签订《深化粤港澳合作 推进大湾区建设框架协议》。该协议明确提出：三地要共建宜居、宜业、宜游的优质生活圈，完善生态建设和环境保护合作机制，建设生态安全、环境优美、可持续发展的国家绿色发展示范区。在下一步工作中，粤港澳三地深入开展生态文明合作，建立协调统一的污染物协同治理体系，共建生态文明机制，是实现大湾区高质量发展和生态环境质量改善的关键。

3.4 大湾区城市群生态环境与高质量经济协同发展

《粤港澳大湾区发展规划纲要》明确指出：粤港澳大湾区要大力推进生态文明建设，树立绿色发展理念，坚持节约资源和保护环境的基本国策，实行最严格的生态环境保护制度，推动形成绿色低碳的生产生活方式和城市建设运营模式，为居民提供良好生态环境，促进大湾区可持续发展。

3.4.1 多污染物协同治理

近年来，随着国家生态文明建设工作不断推进，污染物的排放标准越来越严苛，污染物监管种类不断增加，不少过去被认为先进的治污手段和治污技术已经触及瓶颈，迫切需要新方法、新思路进一步提升环境治理能力。污染物排放的主要特征之一是多种污染物都存在显著的同源性，如燃煤电厂是碳排放和主要大气污染物排放共同的重要来源。过去，我国普遍采用针对单项污染物的分级治理模式，导致净化设备不断增多、治污成本高企不下。在《全国生态保护"十二五"规划》中，我国首次引入了多污染物协同治理的理念,其内涵是通过深入了解各种污染物之间相互影响、相互关联的物理和化学过程,充分利用现有各类净化设备之间存在的协同治污能力。多污染物协同治理可以有效提高环境治理能力,降低治理成本。大气污染物-温室气体协同减排、土-水协同治理、烟气-废水-固废一体化协同治理是目前较为主流的污染物协同治理思路。鉴于本书内容主要针对粤港澳大湾区大气污染物治理和空气质量提升,下文内容将主要涉及大气污染物-温室气体的协同减排工作。

粤港澳大湾区是我国最早实行改革开放,率先启动经济快速增长的区域,但和许多发达经济体类似,早期也经历过先污染后治理的痛苦阶段,曾是空气污染严重区域。按照现在的标准来衡量,20 世纪 90 年代末期以及 21 世纪初是珠三角地区空气污染最严重的时候,区域内酸雨、细颗粒物和光化学烟雾等大气环境问题突出。在同一时期,广东省开始系统研究大气污染治理问题。2003 年,广东省气象局率先在珠三角地区建立一张由 15 个监测站点组成的区域大气成分观测站网,用于研究霾污染。2004 年广东省环保厅也建立了一张空气质量监测网。通过大型科技项目攻关和"珠江三角洲区域大气复合污染立体监测网"的建成运用,广东省基本了解了当地大气污染特征,摸清珠三角的大气污染主要来自以化石燃料燃烧为主的工业源、以机动车尾气排放为主的移动源和以扬尘污染为主的面源,并对各类污染源提出有针对性的治理方案。

2010 年,广东省在国内最早发布实施首个面向城市群的大气复合污染治理计划——《广东省珠江三角洲清洁空气行动计划》,要求坚持"协同减排,综合控制"基本原则,以控制 $PM_{2.5}$ 和臭氧等二次污染物形成为重点,通过颗粒物、二氧化硫、氮氧化物、挥发性有机物等多种污染物协同减排,有效控制大气复合型污染。《珠江三角洲环境保护一体化规划(2009—2020 年)》指出,控制挥发性有机物和氮氧化物,协同应对光化学烟雾;全力推进脱硫脱硝,减轻区域酸雨。2015 年,国务院印发《关于深化泛珠三角区域合作的指导意见》,提出要加强珠三角等重点区域和火电、冶金、水泥、建筑陶瓷、石化等重点行业的大气污染防治,加强对工业烟尘、粉尘、城市扬尘和挥发性有机物等空气污染物排放的协同控制。《规划纲要》要求强化区域大气污染联防联控，实施更严格的清洁航运政策，实施多污染物协同减排，统筹防治臭氧和细颗粒物（$PM_{2.5}$）污染。

历经数年的大气污染物协同治理，珠三角地区的空气质量成为全国标杆。2015年，珠三角6项污染物全面达标，其中$PM_{2.5}$指标年均浓度为34μg/m³，达到国家标准和世卫组织第一阶段指导标准（35μg/m³），提前两年达到国家空气质量改善考核目标要求。2018年，珠三角$PM_{2.5}$年均浓度为32μg/m³，珠三角已从全国大气污染防治三大重点区域"退出"。

3.4.2 大湾区城市群协同治理

粤港澳三地水陆相连，生态环境质量休戚相关。空气质量监测结果表明，湾区范围内空气污染具有显著的区域性特征，城市间大气污染相互影响明显，仅从行政区划的角度考虑单个城市大气污染防治难以解决大气污染问题。积极开展城市之间的区域联防联控、协同治理，是破解区域环境难题、改善区域环境质量、提高整体竞争力的有效途径。

早在2003年，粤港双方政府就签署了《珠江三角洲地区空气质素管理计划（2002—2010年）》，提出到2010年实现珠江三角洲二氧化硫（SO_2）、氮氧化物（NO_x）、可吸入颗粒物（PM_{10}）和挥发性有机化合物（VOC）的排放总量比1997年分别减少40%、20%、55%和55%。2014年，澳门特别行政区加入珠江三角洲监管协作体系，三方签订《粤港澳区域大气污染联防联治合作协议书》，粤港澳环保合作开始由双边增至三边。协议重点内容包括共建粤港澳珠三角空气质量监测平台、联合发布区域空气质量资讯、推动大气污染防治工作、开展环保科研合作，以及加强三地环保技术交流及推广活动。在广东省建立粤港澳大湾区建设领导小组框架下，粤港澳也成立了生态环境保护专项小组，三地生态环境部门定期举行会商，"粤港澳珠江三角洲区域空气监测网络""清洁生产伙伴计划项目"等合作项目逐步落实，"湾区城市生态文明大鹏策会""粤港澳大湾区环保高峰论坛"等重要会议相继举办，粤港澳三地生态环保合作不断深化。

2019 年，广东省人民政府办公厅进一步提出，邀请生态环境部加入协同治理体系，打通部、省和港澳环境保护合作的协调与衔接工作，建立部、省和港澳特区四方联动协调机制是未来建立协调机制的方向之一。在未来的工作中，将进一步开展编制粤港澳大湾区生态环境专项规划，明确大湾区生态环境保护的基本方针、目标任务、途径措施等，研究制定大湾区生态环境保护指标体系和评价机制，并推动粤港澳三地政府签订联合环境协定，统一工作基准，统一三地行动。

3.4.3 生态环境质量改善与经济高质量增长协同发展

《粤港澳大湾区发展规划纲要》明确要求，湾区要在构建经济高质量发展的体制机制方面走在全国前列、发挥示范引领作用，成为高质量发展的典范。但在当前发展阶段，粤港澳大湾区资源能源利用效率和环境质量与国际一流湾区相比仍存在一定差距，绿色发展模式尚未成熟。例如，2019 年粤港澳大湾区每万美元 GDP 用水量为 214.47m³，比东京湾区高 30%，单位 GDP 能耗是国际三大湾区的 2 倍左右。粤港澳大湾区空气质量与国际一流湾区水平差距明显，PM$_{2.5}$ 年均浓度是同期国际一流湾区水平的 3 倍左右。大湾区地表水黑臭水体占比 8.9%，而国际三大湾区已不存在地表水黑臭水体问题。

大湾区建设为粤港澳三地生态环境建设和经济动力转型提供了新契机。生态环境质量改善有助于大湾区以良好的自然环境吸引劳动力、资本、技术、信息等生产要素集聚，进一步加快区域内要素自由流动，全面提升国际竞争力。同时，以加强生态环境保护为抓手，构建粤港澳大湾区绿色生产生活方式，形成粤港澳大湾区绿色发展内生动力和长效市场机制，避免以牺牲环境换取经济增长，以低成本制造业参与世界产业分工，换取不可持续的"国际竞争力"。

2018 年 3 月 7 日，习近平总书记在参加十三届全国人大一次会议广东代表团审议时，明确阐述了生态环境质量改善与经济高质量增长协同发展的内涵。总书记指出，"要以壮士断腕的勇气，果断淘汰那些高污染、高排放的产业和企业，为新兴产业发展腾出空间"。珠三角大气污染防治成功的实践证明，相比于末端治理，调整经济结构和能源结构、优化产业布局是大气污染防治的重要基础，也是必由之路。产业结构、能源结构调整会有阵痛，但长远来看，促进了创新发展、绿色发展，增强了区域竞争力，显著提升了区域环境质量。以环保倒逼产业转型，不断提升绿色发展水平。绿色发展水平提升，亦从源头上减少污染物产生，取得事半功倍的环境治理效果。

第4章 生态环境质量改善与经济高质量增长协同发展的相关理论基础

关于生态环境质量与经济增长之间作用关系的理论较多，常见的包括：环境库兹涅茨曲线假说、污染者天堂假说、逐底竞争、环境规制的挤出效应假说、波特假说等。近年来，随着对生态环境治理与经济高质量发展探讨的不断深入以及新发展理念的提出、新发展模式的探索，绿色技术创新理论和协同治理理论的相关研究也逐渐兴起。

4.1 环境库兹涅茨曲线假说

著名经济学家库兹涅茨在研究经济增长与国民收入分配关系时发现：随着人均收入的增加，收入不平等程度首先也会增加，然后在转折点之后开始下降，人均收入和收入不平等之间的这种关系可以用倒 "U" 形曲线表示，后来该曲线被命名为库兹涅茨曲线。Grossman 和 Krueger 是最早研究环境污染与经济增长关系的学者，他们于 1991 年在研究人均收入与二氧化硫、微尘和悬浮颗粒物等空气污染因素的关系时，引入了库兹涅茨曲线，发现环境污染随着人均收入的增加会由程度较轻逐渐加重并趋于严重，当人均收入达到一定程度后，环境污染反而随着人均收入的增加而减少，即经济增长与空气污染物的排放呈倒 "U" 形曲线关系。1993 年，Panayoutou 将其称为环境库兹涅茨曲线（EKC）。

根据 EKC 的假设：在经济增长的初期阶段，初级生产占主导，由于自然资源丰富、经济活动有限，废物产生也有限；随着经济发展以及进入工业化阶段，自然

资源被大量消耗，废物不断增加，随着人均收入或经济增长，环境质量将退化，二
者之间呈现正相关关系；但随着经济的进一步发展，改进的技术和信息传播将限制
污染物的排放，从而减少环境退化（Panayoutou，2003），即当经济发展达到一定
水平后，进一步的经济增长可以为改善环境质量服务。

　　EKC 曲线具有图 4-1 所示的形式。环境退化和人均收入之间的关系可绘制为
倒"U"形曲线，类似于西蒙·库兹涅茨提出的关于收入不平等与经济增长之间关
系的原始曲线（Simon Kuznets，1955）。图 4-1 中的转折点代表了收入水平（人均
收入），在此水平之上，环境退化可以与经济增长过程脱钩。对于更高的收入水
平，经济增长会改善环境质量。

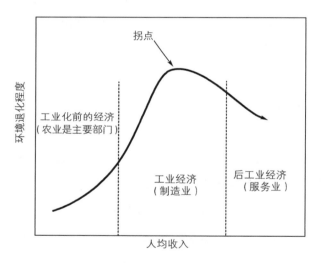

图 4-1　环境库兹涅茨曲线（EKC）

　　在图 4-1 中，纵轴上的因变量是环境退化程度。环境退化的指标可以是特定
空气污染物的排放量，特定污染物在当地水平的浓度或环境退化的替代形式，如
毁林。在经验 EKC 估计研究中最常见的污染形式是空气污染、水污染以及土地
污染。

　　导致 EKC 曲线产生的因素。除收入因素以外，可能导致 EKC 的因素包括国际

贸易（污染天堂假说）、收入分配的公平性、结构变化、技术进步和能源效率的提高、制度框架和治理，以及最终消费者的偏好。

EKC 的相关研究。 EKC 的相关研究分析了各种环境退化指标，如空气质量指标（SO_2、SPM、NO_x、CO、铅、VOC、CO_2）、水质指标（病原体、重金属、水氧状况）、城市固体废弃物、森林砍伐和其他各种指标（Dinda，2004）。相关数据的收集和衡量使人们质疑它们的可靠性和可比性（Lieb，2003）。作为有关气候变化和温室气体过度积累的当前问题的一部分，许多研究考察了 CO_2 排放量，主要研究温室气体与经济增长之间的关系。经济增长能否对 CO_2 排放产生积极影响尚有争议。结果似乎好坏参半，但在大多数情况下，随着收入的增长，CO_2 排放趋于单调上升。也就是说，就 CO_2 排放而言，没有 EKC 模式出现。对此的解释是，CO_2 排放与能源使用有关，这对于经济增长至关重要。另外，CO_2 排放对环境没有局部和可识别的影响（Arrow 等，1995；Ansuategi 和 Escapa，2002）。

4.2　污染者天堂假说

"污染天堂假说"（PHH）也称"污染避难所假说"或"产业区位重置假说"，最早由 Walter 与 Ugelow 提出。该理论假设一国比较优势的变化会诱使潜在的贸易和产业区位发生变化，环境规制水平的差异会导致污染产业从环境规制严格的发达国家转移到环境规制宽松的发展中国家。自由贸易对环境可能是有益的（Antweiler 等，2001；Liddle，2001），贸易提高了发展中国家人民的收入水平，并且随着实际收入增加，提出更严格的环境保护的需求，因为收入较高的人想要一个更清洁的环境。但是，如果大量的污染者转移到法规较宽松的国家，较低的贸易壁垒可能会损害环境。PHH 认为，低环境标准成为比较优势的来源，并因此改变了贸易方式。PHH 表明严监管国家将关停所有的"肮脏产业"，而穷国则将其全部吸收。有关PHH 的理论研究认为，环境规制的差异是外商直接投资（FDI）流入的主要决定因素。

然而，有关 PHH 经验分析的结论却并不一致。一些文献的研究结果表明 FDI 的流入或者跨国公司的区位选择与东道国环境标准并不存在显著的相关关系，PHH 不成立。如 Eskeland 和 Harrison 通过对墨西哥、委内瑞拉、摩洛哥和科特迪瓦 4 个发展中国家的 FDI 流入进行经验分析，结果表明这些国家 FDI 的流入与工业化国家的污染治理成本不相关，因而不支持 PHH。Smarzynska 和 Wei 利用 24 个转型国家企业层面的 FDI 数据，考虑东道国的腐败水平后发现一些结果支持 PHH，但是这些结果在统计上的显著性整体较弱，无法通过稳健性检验。

还有一部分文献经验分析的结论支持 PHH，但是结果的解释力大都很弱。如 Lucas 等认为 OECD 国家对污染密集型产业严格的环境规制会导致该产业的区位发生转移，因而会引起发展中国家工业污染强度的上升。Mani 和 Wheeler 认为"污染天堂"效应只是短暂的，因为通过严格规制、专业技术和投资清洁生产所获得的经济增长效应会抵消"污染天堂"效应，从而抑制"污染天堂"的形成。Xing 和 Kolstad 发现，在美国外资进入的污染密集度高的产业，东道国环境规制的强度与 FDI 存在着显著的负相关关系，而在污染密集度低的产业，这种关系不显著。Keller 和 Levinson 利用美国各州 18 年间 FDI 和污染治理成本的面板数据，同时考虑各州工业构成的差异来检验 PHH，结果发现，污染治理成本对 FDI 的流入存在适度的阻碍作用。

有鉴于此，学者们开始研究导致 PHH 无法从经验分析中获得有力支持的原因。其中达成的一个共识是环境规制解释变量本身存在的内生性会干扰检验结果的稳健性。如 Cole 等构建了一个 3 阶段共同代理模型来研究 FDI、腐败与环境规制之间的关系，结果也表明 FDI 对环境规制的影响是以政府的腐败程度为条件的。Millimet 和 Roy 认为 PHH 理论无法得到实证检验的原因之一是难以对环境规制进行精确衡量，并且由于其可能与其他决定 FDI 区位选择的变量如税收优惠、公司优惠待遇、产业集聚、腐败等存在相关性，因而可能导致环境规制变量的内生性。

不少文献的研究也发现，一旦将环境规制视为内生变量，则 PHH 实证检验结果的显著性会明显提高。Fredriksson 等将环境规制作为内生变量，同时引入政府腐败作为解释变量来研究其对美国在 1977—1987 年间 FDI 流入的影响。结果表明环境规制的强度和腐败对美国 FDI 流入的空间区位分布有显著影响，并且模型估计的结果对环境政策外生性的假定非常敏感。Levinson 和 Taylor 同样也将环境规制作为内生变量，尽管他们研究的是环境规制对贸易的影响，但是也同样说明了环境规制内生性的重要性。Cole 和 Elliott 认为导致 PHH 缺乏经验证据支持的主要原因在于忽略了污染密集型产业部门的资本密集度，同时在经验分析中也考虑了环境规制的内生性，使用滞后一期的环境规制作为工具变量，回归的结果显示，美国环境规制与其对墨西哥和西班牙的直接投资呈正相关关系。Sonia 和 Natalia 利用法国企业层面的 FDI 数据检验 PHH 时同时引入滞后一期的环境规制和资本密集度作为解释变量，结果显示 PHH 对于新兴经济体而言是成立的。

目前有关 PHH 在我国是否成立的研究大都将环境规制视为严格外生的变量，检验的结果也不一致。Dean 等的研究检验结果表明，东亚国家的 FDI 与更为严格的环境规制存在显著的负相关关系，从而支持 PHH。然而，来自其他工业化国家（如美国、日本、英国）的 FDI 与更为严格的环境规制呈正相关关系，从而与 PHH 相反，作者将此结果归因于企业的异质性。应瑞瑶和周力认为，我国各地区污染治理的投资额与 FDI 呈显著负相关关系，PHH 在我国成立。刘志忠和陈果发现，环境规制是我国 FDI 区位分布不均的原因，环境规制对吸引 FDI 具有负效应，且中西部地区的负效应大于东部地区。陈红蕾和陈秋锋认为，我国环境政策强度对 FDI 的流向影响很小，外商对华直接投资并未出现明显的污染产业转移倾向。綦建红和鞠磊认为东部地区的环境规制与吸引外资之间存在着稳定的正相关关系，而中部地区和西部地区则表现为明显的负相关关系，并且环境规制不是引起外资变化的格兰杰原因。曾贤刚则认为环境规制对我国各地区 FDI 的流入存在一定的负面影响，但这种影响并不显著，PHH 在中国成立的证据不足。

4.3 逐底竞争

"逐底竞争"是国际政治经济学的一个概念，指国家或地方政府为了自身利益而竞相放松本方环境规制的行为。这一理论最早由 Dua（1997）提出，并将其称为"race to the bottom"。在逐底竞争的情况下，发达经济体相对较高的环境标准给污染者带来了高昂的成本。因此，高收入经济体的污染活动面临着比发展中国家同行更高的监管成本（Jaffe 等，1995；Mani 和 Wheeler，1998），这就刺激了至少一些高污染行业的搬迁，从而实现了国际资本的重新分配。

国外学者关于逐底竞争的研究成果较多，且以实证方法论证为主，Woods（2006）的研究结果显示，地方政府在执行本地环境规制时会以邻近地区为参考，直接证明环境规制"逐底竞争"的存在；Busse 和 Silbergers（2013）运用跨国面板数据进行实证研究发现，污染产品的出口会刺激一国降低其环境规制水平；Debashis 和 Sacchidananda（2013）则以 FDI 为切入点运用多国数据进行实证研究，发现政府为了吸引 FDI 可能会以牺牲环境为代价。但也有部分学者对这一学说质疑，Porter（1999）认为这种以贸易为目的的环境规制"逐底竞争"只可能出现在欠发达国家，在法制健全的发达国家并不存在；Wheeler（2001）从 FDI 视角考察上述问题，认为在 FDI 最多的国家里也不存在环境规制的竞争行为，因而对这一理论质疑；Konisky（2007）基于美国的经验数据认为，虽然各州存在引资需求与竞争，但并非以环境规制为筹码。国内学者关于环境规制竞争的研究相对较少，相关研究主要从 FDI 与国际贸易视角论证环境规制竞争存在的可能性。陈刚（2009）认为由于环境规制抑制 FDI 流入，因此中国政府有动力降低环境规制水平以吸引 FDI；朱平芳等（2011）则从地方政府竞争的视角分析这一问题，认为地方政府会积极参与环境规制竞争来争夺 FDI 资源；祝树金和尹似雪（2014）基于国际面板数据的实证研究显示，发达国家污染产品的出口会引起发展中国家环境规制"向底线奔跑"。

从国内视角关注这一问题的成果相对较少，李斌和李拓（2015）运用博弈模型对环境规制竞争问题进行过理论分析。对于土地财政问题，学术界则主要关注其产生原因及对中国经济的影响。杜雪君等（2009）、张昕（2011）、谢安忆（2011）、邹秀清（2013）、陈志勇等（2011）从不同视角进行实证研究，均认为土地财政对经济增长具有显著的正向影响；辛波和于淑俐（2010）认为，虽然土地财政对地方经济增长的促进作用明显，但也使地方政府对土地财政产生过度依赖。土地财政是中国式分权的直接产物。对于分权制的环境效应问题，国内研究以中国式分权的直接环境效应及财政分权引致 FDI 竞争的间接效应为主，相关成果普遍认为中国式分权直接加剧环境污染（闫文娟和钟茂初，2012；崔亚飞和刘小川，2010），其间接环境效应还可能削弱治污投资（闫文娟，2012）并弱化环保技术进步的治污效率（邓玉萍和许和连，2013）。

目前中国的县际竞争已出现逐底竞争的情况。一些县市为了吸引企业投资，于是在土地价格、劳动力供给、税收政策、基础设施和企业服务等方面展开激烈竞争。各国投资竞争有许多种形式，不只是压低工资、降低劳工保障。我们看到了一个更普遍的逐底竞争现象，如国家对企业实施的法令规定很宽松，税负也轻。

4.4 环境规制的挤出效应与波特假说

过去制造业"粗放式"的发展导致"三废"排放量不断上升，环境污染日趋严重，生态环境不断恶化。因此，减少环境污染、转变发展方式是制造业亟待解决的另一问题。实施环境规制是治理环境污染、促进可持续发展的重要手段。然而，环境规制的实施会对制造业出口质量产生影响。从静态角度可知，环境规制会增加生产成本，"挤出"创新资金，抑制技术进步，削弱出口比较优势，阻碍制造业出口质量的提升，即环境规制的"挤出效应"。但从动态角度来看，适当设计的环境规制会倒逼技术创新，促进技术进步，增加出口技术复杂度和附加值，从而促进制造业出口质量的提升。

环境规制的挤出效应影响出口质量。技术创新能力是出口质量得以提升的关键，技术创新能力不仅决定了出口的广度和深度，还决定了出口技术附加值、出口结构，约束了一国在国际分工中的地位。传统观点认为，在资源配置、技术水平和消费者需求不变的条件下，加强环境规制一方面会增加企业生产成本，减少企业利润，另一方面还会挤占企业的科研资金。这会削弱企业的技术创新能力，不利于企业出口附加值的增加和技术复杂度的提升，也不利于企业出口结构的优化。长此以往，会导致出口质量下降。

波特假说的概念。为了纠正环境法规与企业财务绩效之间看似矛盾的关系，越来越多的研究人员强调了波特（1991）的观点。波特认为环境法规不是统一惩罚所有企业，而是为某些企业提供了更具竞争力的机会，从而改善其财务业绩。波特在后来与克劳斯·范德林德（Claus van der Linde）发表的两篇论文中进一步发展了他的想法（波特和范德林德，1995a；波特和范德林德，1995b）。他们认为，法规如果设计得当且具有适当的灵活性，则可能会导致创新节省的成本超过合规成本。人们认为，环境法规可以通过对创新的影响来改善企业的环境和财务绩效，这一观点已被称为波特假说或双赢假说（Ambec 和 Barla，2006）。

Jaffe 和 Palmer（1997）将"波特假说"分为了 3 个层面，分别是"狭义波特假说""弱波特假说""强波特假说"。"狭义波特假说"认为某些类型的环境规制会促进企业创新，灵活的政府监管能够激励企业开展创新活动。"弱波特假说"认为环境规制会刺激某些类型的创新，正确设计的环境规制可能会促进创新。"强波特假说"则认为环境规制能够促进企业创新，且创新所带来的收益大于额外的监管成本，即环境规制能够促进企业增强竞争力，提高企业绩效。

关于是否确定以及在何种条件下支持波特假说已有许多研究（Brunnermeier 和 Cohen，2003；Yang 等，2012；Johnstone 等，2010）。学者发现，在政府颁布环境监管政策之前，有些企业已经拥有许多环保专利，在高生产水平下运营时，环境法规可以改善公司的财务绩效。与其他公司相比，此类企业的创新成本较低，从而使其更容易过渡到新技术标准。一些学者表明，波特假说的有效性与企业的所有权性质有关，环境监管通常会对民营企业的绩效产生激励作用（Sheng 等，2019）。相比之下，国有企业自然具有更紧密的政治联系，并且通常会获得更优惠的政府支持。因此，国有企业所受的监管压力要小于民营企业所受的监管压力，因此其在环境法规下的创新动力不足（Sterlacchini，2012；Sheng 等，2019）。实际上，影响波特假说有效性的关键因素，如创新成本和政治联系程度与产权密切相关（Globerman 等，2000）。好的产权制度可以降低企业的创新成本，大大降低建立政治联系的预期收益，这有利于创造公平竞争的市场环境，并增加了在波特假说中嵌入的环境法规压力机制的可能性。

4.5 绿色技术创新理论

4.5.1 绿色技术创新

随着全球气候变化与环境问题不断凸显，近年来环境经济与政策的研究者越来越多地将技术进步作为内生变量引入到模型中，将技术进步与环境质量、经济增长纳入统一的分析框架，并提出了偏向能源节约与清洁生产的技术进步的概念，即绿色技术创新。绿色技术创新是指既要发展社会经济又要保护环境，并使其不受污染的产物。绿色技术的研究经历了末端工艺、无废工艺 、废物最少化、清洁技术、污染预防等 5 个阶段。而一般把针对环境保护目的的管理创新和技术创新统称为绿色技术创新。它可以分为两类：一类是绿色产品创新，指产品在使用过程中及使用之后不危害或少危害生态环境和人体健康及可回收利用和再生的产品；另一类是绿色工艺创新，指能减少废气污染物的产生和排放，降低工业活动对环境的污染以及降低成本、物耗等工艺技术。

自 19 世纪 60 年代以来，欧美一些发达国家制定了控制环境污染的法规，推动了末端技术（end-of-pipe technology）的创新与发展。随后 E. Brawn 和 D. Wield 于 1994 年提出了绿色技术（environmentally sound technology）的概念，相对于因一味

追求经济效益而成为资源和环境以及生态系统破坏者的传统技术创新，前者以它对
社会持续发展的意义以及在各个行业的强渗透性使得人们对它的研究和应用迅速丰
富起来。

作为绿色创新不可或缺的一部分，由于对环境状况的日益关注，绿色技术创新
受到了持续关注（Abdullah 等，2016）。绿色技术创新有望产生双重好处：在减轻
环境负担的同时，促进经济的技术现代化（Rennings 等，2006）。可持续的绿色技
术对于有效和经济地控制污染物排放至关重要（UNCTAD，2018）。绿色技术有助
于平衡环境保护与经济发展，这是创建可持续发展社会的关键关系（Sun 等，
2008）。在世界范围内，尤其是在中国，绿色技术的重要性日益提高。根据李
（2018）的研究，中国政府正在努力通过创新驱动型制造、工业优化、质量改进和
绿色发展来提升工业能力。

4.5.2 绿色技术创新、生态环境改善与高质量发展

绿色技术创新已成为减少主要污染物及温室气体排放的重要手段（Weina 等，
2016；Nikzad 和 Sedigh，2017）。

理论上，现有研究普遍认为技术创新有助于减少大气污染物排放，但也有少数
研究指出技术创新对环境改善的作用有待商榷。例如，陆建明（2015）指出节能
减排相关政策需要在非环境抑制的经济体中才能达到预期效果，一个企业之所以会
进行技术创新来实现污染减排背后由很多因素推动，如环境规制。关于技术创新是
否有效推动了中国大气污染物削减这一问题，现阶段的实证研究呈现不同观点。韩
超和胡浩然（2015）对中国 2002—2011 年 10 年的行业层面数据进行测算，肯定了
技术进步对行业节能减排的作用；魏巍贤等（2016）以能源利用效率和能源清洁
生产技术作为技术进步的衡量指标，在 CGE 框架下分析得到，后者相比前者对大
气污染减排的作用更为明显。但是，也有部分研究发现技术进步在大气污染减排中
并没有发挥作用。例如，邵帅等（2016）的研究发现我国在当前的减霾过程中，
研发强度提高与能源效率提高均没有对减少雾霾污染产生显著效果，由于受多种因

素的影响，技术创新的环境效益并未显现。

对于气候相关绿色技术与温室气体减排的关系，理论上普遍认为能效技术、可再生能源技术、碳捕获碳封存技术有助于减少温室气体排放、减缓气候变化，但关于二者关系的实证检验结论分歧较大（Su 和 Moaniba，2017）。先前的一些研究表明，绿色技术创新对 CO_2 排放的影响在不同条件下可能是正的或负的（Acemoglu 等，2012；Jaffe 等，2002），并且还可能受到多种因素的影响，如收入和时间。Braungardt 等（2016）证明，尽管绿色创新通常被认为是绿色增长战略的基本要素，但由于存在反弹效应，其对气候目标的长期影响一直处于争论之中。Wang 等（2012）的研究发现，能源技术专利在减少中国的 CO_2 排放中没有扮演重要角色。Weina 等（2016）的研究指出，对于意大利而言绿色创新可以提高环境生产率，但在减少 CO_2 排放方面没有发挥重要作用。Song 等（2018）以环境技术投入中的绿化面积作为绿色技术的替代，并探讨其在研发效率和制造业利润中的作用。

总的来说，绿色技术创新已经起步于社会经济发展的进程之中，越来越引起人们的兴趣，得到人们的认同和推行。但和任何新生事物一样，发展和推行绿色技术创新不可能一帆风顺。我国目前存在着诸如政策、资金、科技等方面的障碍和困难，需要我们不懈的努力。政府、科研机构和公众作为绿色技术创新的引导者和支持者，应建立相应的作用机制，以帮助企业从事绿色技术创新活动，以促使其基本机制的建立。

4.6 协同与协同治理理论

4.6.1 协同与协同治理

协同学的理念最早是由德国物理学家哈肯基于其在研究激光过程中发现的有序排列现象而提出来的。正如哈肯所说，"协同学即'协调合作之学'，旨在发现自组织结构赖以形成的普遍性规律，并且关注于结构最终形成的总体模式"。协同学处理是众多子系统及其相互作用构成的开放系统，这些系统能够建立自组织的时间、空间、功能、结构。

联合国全球治理委员会就"协同治理"概念所下的定义具有很强的概括性：协同治理是个人、各种公共或私人机构管理其共同事务的诸多方式的总和。它是使相互冲突的不同利益主体得以调和并且采取联合行动的持续的过程，其中既包括具有法律约束力的正式制度和规则，也包括各种促成协商与和解的非正式的制度安排。这一理论强调治理主体的多元性、治理权威的多样性、子系统的协作性、系统的动态性、自组织的协调性和社会秩序的稳定性。目前，协同治理理论在西方已被广泛应用于政治学、经济学、管理学和社会学等诸多研究领域，成为一种重要而有益的分析框架和方法工具。

在环境治理的领域，协同治理是寻求有效治理结构的过程，这一过程虽然也伴随着组织成员之间的竞争，但其更加强调成员之间的协作，以实现整体利益最大化。协同治理具有治理目标一致性、治理主体多元性、治理系统协助性、治理过程有序性的特征，能够有效克服行政区划对具体整体性区域环境的人为分割。区域生态环境的一体性、长期性、脆弱性、关联性使得对其治理的难度不断地增加。从协同治理理论入手，则刚好可以找到生态环境治理的可行思路和对策。因为，第一，协同治理是在一个复杂开放的系统中完成的。第二，协同治理致力于实现长期有效的治理，达到善治的目标。第三，协同治理所追求的是在公共事务治理上政府部门、社会公众、民间团体、企业之间如何实现合作共治的努力，并维持这种治理体系的长期有效和动态性，破除长期形成的单一主体的管理体系。第四，协同治理所倡导的是一个连续不断的动态过程，治理视域内政策和规则的形成是经过各个主体不断协商、谈判、妥协而完成的。这与区域生态环境治理过程是契合的，如上文所述，区域生态环境本身具有整体性、动态性、长期性、脆弱性，所以对环境的治理也将是一个持续不断的过程，每一个阶段都需要根据更新的环境信息、改变了的主体利益偏好、调整了的政策目标来具体协同。

以我国生态环境问题最严重的京津冀地区为例，由于京津冀三地经济发展水平不均衡、利益协调机制缺失、环境治理处于碎片化状态、政策信息不对称等问题的存在，故而地区间政府在协同过程中面临困境。近年来，随着华北地区环境污染日趋严重，由于治理对象的差异、政府经济执政观念的不同、经济发展不平衡等因素，京津冀环境治理的政府协同问题显得尤为突出，需要在区域范围内进行协调疏解，树立政府生态执政和协同治理的理念，建立具有权威性的协同治理机构；要梳理区域间互相冲突的法律和政策，为府际协同治理奠定法治基础；平衡政府之间和市场主体之间的利益，建立科学合理的生态补偿机制（潘静和李献中，2017）。

4.6.2 协同治理、生态环境改善与高质量发展

关于协同治理及其生态环境效益、经济社会效益的国际研究起步较早，可以追溯至 20 世纪 90 年代末期。大多数研究致力于评估某一个或某些经济、能源、环境或气候政策所带来的协同效应，包括生态环境、健康效益、社会效益等方面，而且致力于用货币化或量化的手段来衡量其大小。这些研究的范围很广，从全球层面到国家层面再到城市层面，涵盖的部门也极为广泛。中国对协同治理及其效应评估的研究起步较晚，大约开始于 2003 年。相比国际学者，中国多数研究尚未突破以减排量为评估标准的局限，大多集中在对某城市或某行业的工程技术减排措施的协同效应评估上，也较少利用各类能源或经济模型对其他协同效应及协同减排的经济成本进行量化评估。而且，基于我国现阶段国情，国内学者更多聚焦污染控制政策或措施所带来的协同效应，而较少研究应对气候变化政策所产生的协同效应。此外，特定行业、特定地区的减排措施所带来的协同效应评价也一直是国内学者研究的重点。

（1）制造业部门

Lee 等（2013）运用多变量回归分析法对亚洲 22 座主要城市展开研究，探讨了 CO_2 排放量与其他若干指标的关系，证明提高能源使用效率和减少垃圾产生量是减缓气候变化和实现协同效应的有效手段。Jiang 等（2013）首先梳理了中国针对不同部门（包括能源与工业部门）出台的具有协同效应的政策，然后以沈阳铁西

区和上海宝山区为案例，对典型工业区通过结构减排、技术减排等方式所取得的协同效应进行了评价和肯定。还有运用模型模拟进行的协同效应研究。例如，He 等（2010）综合 LEAP、TRACE-PEI、CMAQ 和 BenMAP4 种模型，预测了两种不同政策情景下的协同效应，发现旨在提高能效的能源政策在成功减少二氧化碳排放的同时，也能够大幅减少空气污染物排放和提高健康效益，且其政策成本效益比仅为 1∶29。

（2）电力部门

在国内学者中，傅京燕等（2017）量化分析了 CO_2 减排对 SO_2 减排产生的协同效应。分析的结果表明，电力行业 CO_2 的减排能够引起稳定的 SO_2 协同减排，说明碳减排政策措施在全国范围内取得了良好的大气污染协同减排效果。此外，该项研究还发现，巩固电力行业固定资产投资与提高能效水平能够使协同减排效应放大。闫文琪等（2013）按照国内电网分区，基于各地的协同减排系数测算了不同地区 CDM（clean development mechanism，清洁发展机制）项目的协同减排效应和减排投资收益，结果显示不同地区 CDM 项目协同减排效应差异较大，其中燃料替代与提高能效等类型的项目协同收益较大。毛显强等（2012）构建了大气污染物协同减排当量这一指标（APeq 指标），对行业技术减排措施和结构减排措施进行成本−效果评价和敏感性分析。分析结果表明，以节能为主的技术减排措施、前端和生产过程控制措施，以及以新发电技术替代为主的结构减排措施可以实现 SO_2、NO_x 和 CO_2 的协同减排，且减排潜力较大。但是，末端治理措施对于协同减排的效果不理想，这主要是因为末端治理措施在削减某一特定污染物的同时，由于耗能增加，可导致其他污染物排放的上升。张绚（2013）对 13 类温室气体减排技术分别进行了成本效益分析，并发现在颗粒物减排技术方面，在现有机组上加装烟气脱硫装置是最具协同减排成本有效性的技术。在温室气体减排技术方面，用核电厂替代火电机组是最具协同成本有效性的技术。

此外，大力发展可再生能源也可以取得很好的协同减排效果。据马志孝等人（2012）的估算，"十一五"期间，全国新增的风电项目（依据总装机容量测算）共实现了协同减排 8 854.7 万吨 CO_2，41.43 万吨 SO_2，31.31 万吨 NO_X，4.14 万吨 PM_{10}，实现协同减排的经济效益约为 1 182 亿元人民币。国外学者中，Burtraw 等（2003）运用 CGE 模型模拟发现，美国电力部门在每立方吨碳排放收税 25 美元的政策下，对 NO_X 的协同减排所产生的环境收益为每立方吨 8 美元。Grossman 等（2011）则运用 APEEP 模型估算出在 Warner-Lieberman 法案背景下，由气候政策所产生的燃煤电厂 SO_2 的协同减排在 2010—2030 年间，每年可避免 1 030 亿~12 000 亿美元的环境健康损失。

（3）交通部门

关于城市道路交通领域控制机动车排放政策的协同效应的研究较少，已有的研究主要通过构建协同控制效应坐标系（程晓梅等，2014；王慧慧等，2016）、计算协同率（谭琦璐，杨宏伟，2017）、计算污染物排放量弹性系数（许光清等，2014）等方法，对一个区域或城市进行温室气体排放和空气污染物排放现状的协同效应进行分析（Xue 等，2015）。例如，Chae（2010）对韩国首尔的空气改善和温室气体控制措施进行成本有效性和协同效应评价，结果发现燃料转换和压缩天然气公交运营对 CO_2、NO_X、$PM_{2.5}$ 和 SO_2 的协同减排效果最佳，并探索了如何以最低成本达成最佳协同效应目标的政策情景。

以城市公交车为研究对象，李孟良等（2010）通过对 6 类城市公交车（5 种混合动力公交车和 1 种常规柴油公交车）污染物排放（HC、CO、NO_X 和 PM）和能量消耗两个方面的性能进行测试，研究发现，混合动力城市公交车具有良好的节能环保效果，节能环保效益最好的车型在生命周期内能够收回较常规柴油车辆多出的全部成本增量；在车辆生命周期内，5 辆不同类型混合动力城市公交车累计可节省燃油 14.05 万升，减少污染物的排放量达 5.28 吨；当节油率达到了 26%，除了产生巨大环保效益外，在车辆生命周期内可以收回全部成本增量。基于加利福尼亚的 EMFAC2007 模型，Silva-Send 等（2013）评价了美国圣迭戈县政府制定的 7 条交通政策的温室气体和空气污染物减排效果，研究中考虑了管理成本、补贴和基础设施成本。

　　从生命周期角度，Tessuma 等（2014）评估了美国使用的包含生物燃料、煤基油、CNG、纯电动汽车、混合动力汽车等 10 种轻型车对空气质量、温室气体减排以及人体健康的影响。研究发现，采用生物乙醇、煤基油或使用电网电力的纯电动汽车对环境和人体健康影响比例达到 80% 以上，相反，采用天然气、风能、水或太阳能发电的电动汽车对环境和人体健康的影响会比汽油车减少 50%。王慧慧等（2016）以 2007—2012 年为一个时间序列，通过详细调查上海市机动车道路交通等基础资料，对机动车各温室气体排放和空气污染物排放进行测算，构建协同控制坐标系评价，设计单一措施、结构性措施和综合性措施等 3 种机动车污染减排控制情景，研究发现，在各控制情景下污染物和温室气体均有不同程度下降，但减排效果有明显差异：淘汰黄标车和提高排放标准对温室气体和大气污染物的减排效果明显，减排比例均在 20% 以上；而结构性控制措施对温室气体和大气污染物的减排效果更加明显，减排比例达到 40% 以上，而且二者减排的正向协同效应突出。

　　总体上，从研究方向上看，国际层面研究主要关注温室气体减排措施所产生的协同效应，而国内学者则针对污染物减排措施所产生的协同效应研究更多。从研究方法上看，国际层面的研究大多采用模型模拟，对健康效益的货币化评估也比较流行，国内研究则采用多样的计算方法，但主要以减排量为指标。从研究区域上看，针对欧洲、美国等发达地区的研究较多，针对中国等发展中国家的研究较少，但是目前在快速增长。

参考文献

[1] GROSSMAN G M，KREUGER A B. Economic growth and the environment[J]. Quart. J. Econ. 1994，110（2）：353－378.

[2] PANAYOUTOU T. Empirical tests and policy analysis of environmental degradation at different stages of economic development [J]. Geneva：International Lobar Office, Technology and Employment Progamme，1993.

[3] PANAYOUTOU T. Economic growth and the environment[J]. Economic Survey of Europe, 2003, 2.

[4] KUZNETS S. Economic growth and income inequality[J]. The American Economic Review, 1955, 45:1−28.

[5] DINDA S. Environmental Kuznets curve hypothesis: a survey[J]. Ecological Economics, 2004, 49(4):431−455.

[6] LIEB C M. The environmental Kuznets curve: a survey of the empirical evidence and of possible causes[Z]. Discussion Paper No. 391, University of Heidelberg, Department of Economics, 2003.

[7] ARROW K, BOLIN B, COSTANZA R, et al. Economic growth, carrying capacity, and the environment[J]. Ecological Economics, 1995, 15 (2):91−95.

[8] WALTER I, UGELOW J L. Environmental policies in developing countries[J]. Technology, Development and Environmental Impact, 1979, 8(2−3): 102−109.

[9] ANTWEILER W, COPELAND B R, TAYLOR M S. Is free trade good for the environment? [J]. American Economic Review, 2001(4):877−908.

[10] LIDDLE B. Free trade and the environment−development system[J]. Ecological Economics, 2001, 39(1).

[11] ESKELAND G S, HARRISON A E. Moving to greener pastures? Multinationals and the pollution haven hypothesis[J]. Journal of Development Economics, 2003, 70(1).

[12] 应瑞瑶,周力.外商直接投资、工业污染与环境规制:基于中国数据的计量经济学分析[J],财贸经济, 2006(1): 76−81.

[13] 刘志忠,陈果. 环境管制与外商直接投资区位分布:基于城市面板数据的实证研究[J]. 国际贸易问题, 2009 (3):61−69.

[14] 陈红蕾,陈秋锋."污染避难所"假说及其在中国的检验[J]. 暨南大学学报, 2006(4): 51−55.

[15] 綦建红,鞠磊. 环境管制与外资区位分布的实证分析:基于中国 1985—2004 年数据的协整分析与格兰杰因果检验[J]. 财贸研究, 2007(3): 10−15.

[16] 曾贤刚. 环境规制、外商直接投资与"污染避难所"假说[J]. 经济理论与经济管理, 2010

(11):65-71.

[17] DUA A, ESTY D C. Sustaining the Asia Pacific Miracle[M]. Washington, DC: Institute for International Economics, 1997.

[18] Jaffe A B, STAVINS R N. Dynamic incentives of environmental regulations: The effects of alternative policy instruments on technology diffusion[J]. Journal of Environmental Economics and Management, 1995, 29(3).

[19] WOODS N D. Interstate competition and environmental regulation: A test of the race to the bottom thesis[J]. Social Science Quarterly, 2006, 87(1): 174-189.

[20] BUSSE M, SILBERBERGER M. Trade in pollutive industries and the stringency of environmental regulations[J]. Applied Economics Letters, 2013, 20(4):320-323.

[21] CHAKRABORTY D, MUKHERJEE S. How do trade and investment flows affect environmental sustainability? Evidence from panel data [J]. Environmental Development, 2013, 6: 34-47.

[22] PORTER. Trade competition and pollution standards: 'race to the bottom' or 'stuck at the bottom'? [J]Journal of Environment & Development, 1999.

[23] WHEELER D. Racing to the bottom? Foreign investment and air pollution in developing countries[J]. The Journal of Environmental and Development, 2001, 10(3): 225-245.

[24] KONISKY D M. Regulatory competition and environmental enforcement: is there a race to the bottom? [J]American Journal of Political Science, 2007, 51(4):853-872.

[25] 陈刚. FDI竞争、环境规制与污染避难所——对中国式分权的反思[J]. 世界经济研究, 2009(6):3-7, 43, 87.

[26] 朱平芳, 张征宇, 姜国麟. FDI与环境规制:基于地方分权视角的实证研究[J]. 经济研究, 2011, 46(6):133-145.

[27] 祝树金, 尹似雪. 污染产品贸易会诱使环境规制"向底线赛跑"? ——基于跨国面板数据的实证分析[J]. 产业经济研究, 2014(4):41-50, 83.

[28] 李斌, 李拓. 环境规制、土地财政与环境污染——基于中国式分权的博弈分析与实证检验[J]. 财经论丛, 2015(1):99-106.

[29] 杜雪君, 黄忠华, 吴次芳. 中国土地财政与经济增长——基于省际面板数据的分析[J]. 财

贸经济, 2009(1):60-64.

[30] 张昕. 土地出让金与城市经济增长关系实证研究[J]. 城市问题, 2011(11):16-21.

[31] 谢安忆. 中国"土地财政"与经济增长的实证研究[J]. 经济论坛, 2011(07):5-8.

[32] 邹秀清. 中国土地财政与经济增长的关系研究——土地财政库兹涅兹曲线假说的提出与面板数据检验[J]. 中国土地科学, 2013, 27(5):14-19.

[33] 陈志勇, 陈莉莉. 财税体制变迁、"土地财政"与经济增长[J]. 财贸经济, 2011(12):24-29, 134.

[34] 闫文娟, 钟茂初. 中国式财政分权会增加环境污染吗[J]. 财经论丛, 2012(3):32-37.

[35] 崔亚飞, 刘小川. 基于空间计量的我国省级环保投资特征分析[J]. 学海, 2010(3):157-161.

[36] 闫文娟. 财政分权、政府竞争与环境治理投资[J]. 财贸研究, 2012, 23(5):91-97.

[37] 邓玉萍, 许和连. 外商直接投资、地方政府竞争与环境污染——基于财政分权视角的经验研究[J]. 中国人口·资源与环境, 2013(7):155-163.

[38] PORTER M E. American Green Strategy[J]. Scientific American, 1991, 264(4):168-172.

[39] PORTER M E, LINDER C. Toward a new conception of the environment-competitiveness relationship[J]. Journal of Economic Perspectives, 1995, 9(4):97-118.

[40] PORTER M E, Linde C. Green and Competitive, 1995.

[41] AMBEC S, BARLA P. Can environmental regulations be good for business? An assessment of the porter hypothesis[J]. Energy Studies Review, 2006, 14(2):601-610.

[42] JAFFE A B, PALMER K. Environmental regulation and innovation: A panel data study[J]. Review of Economics and Statistics, 1997, 79(4):610-619.

[43] BRUNNERMEIER S B, COHEN M. A. Determinants of environmental innovation in US manufacturing industries[J]. Journal of Environmental Economics and Management, 2003, 45:278-293.

[44] JOHNSTONE N I, POPP D. Renewable energy policies and technological innovation: Evidence based on patent counts[J]. in Environmental and Resource Economics, 2010,

45:133-155.

[45] STERLACCHINI A. Energy r&d in private and state-owned utilities:An analysis of the major world electric companies[J]. Energy Policy, 2012.

[46] GLOBERMAN S, KOKKO A. International technology diffusion:evidence from swidis patent data[J]. Helbing & Lichtenhahn Verlag AG, 2000, 53(1):17-38.

[47] BRAWN E, WIELD D. Regulation as a means for the social control of technology [J]. Technology Analysis and Strategic Management, 1994(3):497-505.

[48] ABDULLAH M, ZAILANI S, IRANMANESH M, et al. Barriers to green innovation initiatives among manufacturers:the Malaysian case[J]. Review of Managerial Science, 2016, 10(4):1-27.

[49] RENNINGS K. Managing the business case for sustainability:the integration of social, the economic performance of European stock corporations:Does sustainability matter? 2006:193-210.

[50] 陆建明. 环境技术改善的不利环境效应:另一种"绿色悖论"[J]. 经济学动态, 2015(11):68-78.

[51] 韩超,胡浩然. 节能减排、环境规制与技术进步融合路径选择[J]. 财经问题研究, 2015(7):22-29.

[52] 魏巍贤,马喜立,李鹏,等. 技术进步和税收在区域大气污染治理中的作用[J]. 中国人口·资源与环境, 2016(5):1-11.

[53] 邵帅,李欣,曹建华,等. 中国雾霾污染治理的经济政策选择——基于空间溢出效应的视角[J]. 经济研究, 2016(9):73-88.

[54] SU H N, MOANIBA I M. Does innovation respond to climate change? Empirical evidence from patents and greenhouse gas emissions [J]. Technological Forecasting & Social Change, 2017, 122:49-62

[55] ACEMOGLU D, GANCIA G, ZILIBOTTI F. Competing engines of growth:innovation and standardization.

[56] BRAUNGARDT S, ELSLAND R, EICHHAMMER W. The environmental impact of eco-innovations:the case of EU residential electricity use[J]. Environmental Economics &

Policy Studies, 2016 18:213-228.

[57] WANG Z, YANG Z, ZHANG Y, et al. Energy technology patents-CO$_2$ emissions nexus: An empirical analysis from China[J]. Energy Policy, 2012 42:248-260.

[58] WEINA D, GILLI M, MAZZANTI M, et al. Green inventions and greenhouse gas emission dynamics: a close examination of provincial Italian data. Environ. Econ. Policy Stud., 2016 18:pp. 247-263.

[59] SONG M, WANG S, SUN J. Environmental regulations, staff quality, green technology, R&D efficiency, and profit in manufacturing[J]. Technol. Forecast. Soc. Chang., 2018 133:1-14.

[60] 潘静, 李献中. 京津冀环境的协同治理研究[J]. 河北法学, 2017, 35(7):131-138.

[61] 傅京燕, 原宗琳. 中国电力行业协同减排的效应评价与扩张机制分析[J]. 中国工业经济, 2017(2):43-59.

[62] 闫文琪, 高丽洁, 任纪佼, 等. CDM 项目大气污染物减排的协同效应研究[J]. 中国环境科学, 2013, 33(9):1697-1704.

[63] 毛显强, 邢有凯, 胡涛, 等. 中国电力行业硫、氮、碳协同减排的环境经济路径分析[J]. 中国环境科学, 2012, 32(4):748-756.

[64] 张绚. 天津火电行业大气颗粒物及温室气体协同减排情景研究[D]. 天津:南开大学, 2013.

[65] 程晓梅, 刘永红, 陈泳钊, 等. 珠江三角洲机动车排放控制措施协同效应分析[J]. 中国环境科学, 2014, 34(6):1599-1606.

[66] 王慧慧, 曾维华, 吴开亚. 上海市机动车尾气排放协同控制效应研究[J]. 中国环境科学, 2016, 36(5):1345-1352.

[67] 谭琦璐, 杨宏伟. 京津冀交通控制温室气体和污染物的协同效应分析[J]. 中国能源, 2017, 39(4):25-31.

[68] 许光清, 温敏露, 冯相昭, 等. 城市道路车辆排放控制的协同效应评价[J]. 北京社会科学, 2014(7):82-90.

[69] 李孟良, 胡友波, 艾毅, 等. 混合动力城市公交车节能环保效益分析与研究[J]. 武汉理工大学学报(交通科学与工程版), 2010, 34(5):944-948.

第5章 生态环境质量改善与经济高质量增长协同发展的相关研究方法

5.1 统计计量分析方法

关于生态环境质量与经济社会发展关系的研究，常用的统计计量分析方法包括：脱钩指数、能源回弹效应模型、环境污染（impact population, affluence technology，简称 IPAT）模型、可拓展的随机性环境影响评估（stochastic impacts by regression on population, affluence, and technology，简称 STIRPAT）模型、因素分解分析模型等。

5.1.1 脱钩指数

脱钩最初是物理学领域的一个概念，即具有相应关系的两个或多个物理量之间的关系不复存在，其后被资源及环境领域的学者应用到相关研究中，用来分析经济增长与资源环境之间的关系。一般情况下，资源消耗量和废物排放量总是与经济总量有关系的，即"挂钩"。因此，尽可能让这两者"脱钩"成为相关研究的重点，脱钩理论也已在国内外获得了广泛关注。

脱钩指数法、基于完全分解技术的脱钩分析法、弹性分析法、变化量综合分析法、IPAT 模型法、描述统计分析法、计量分析法以及差分回归系数法等是目前在研究脱钩状态时主要运用的方法。

目前主要有两种脱钩评价指标：其一是 OECD 提出的脱钩因子，形式较为简单，计算方便，得到了较广泛的应用：

$$D_f = 1 - \frac{\left(\dfrac{EP}{DF}\right)_{末端年}}{\left(\dfrac{EP}{DF}\right)_{始端年}} \tag{5—1}$$

式中：D_f——脱钩因子；

　　　EP——环境压力，可以用资源消耗量或废物排放量来表示；

　　　DF——驱动力，一般用 GDP 来表示。

其二是 Tapio 弹性分析方法，是在 OECD 脱钩模型基础上发展起来的，与 OECD 脱钩模型相比，准确性进一步提高。Tapio 对脱钩程度的精细划分可以清楚地定位经济驱动力和环境压力变化的各种组合。该方法简单明了，得出的结论可以使我们直观了解经济发展和资源环境的关系，并且具有一定的预警作用。

Tapio 弹性分析主要从弹性概念角度出发，测算地区的弹性系数，并建立脱钩指标体系，在经济增长与资源环境领域的运用较为广泛。指标构建如下：

$$\eta_i = \frac{\Delta D/D}{\Delta G/G} = \frac{(D_{i+1} - D_i)/D_i}{(G_{i+1} - G_i)/G_i} \tag{5—2}$$

式中：η_i——第 i 年脱钩弹性系数；

　　　D——资源消耗量或废物排放量，包括 DMI 和 DPO，其中 DMI 表示经济活动中的资源消耗；

　　　DPO——经济活动对自然环境的压力；G 表示 GDP。

依据不同的弹性值可以分为以下几类脱钩：强脱钩、弱脱钩、衰退脱钩、增长连接、衰退连接、增长负脱钩、弱负脱钩、强负脱钩等 8 类。

脱钩理论被广泛地应用在经济学各不同领域的研究之中，如碳排放与经济增长、城镇化与生态环境、能源消耗与行业发展、土地利用与经济发展、各种资源的利用与经济增长等，其中分析资源、环境或者碳排放与经济发展之间关系的研究较为丰富。除此之外，脱钩分析还在外贸、城市规划、资源开采、农业、林业、企业管理、国际关系分析等方面具有广泛的应用。但其也具有一定的局限性。例如，马晓君（2021）指出，脱钩弹性指数只能衡量工业经济增长与能源消耗的脱钩关系，无法对脱钩状态的驱动因素进行分析。

5.1.2 能源回弹效应模型

对能源回弹效应的研究是对"杰文斯悖论"研究的进一步发展。杰文斯于1865年在《煤炭问题》中指出：认为燃料的节约使用就等于消费的减少，这完全是一个误导人的观点，煤炭使用效率的提高并没有使煤炭的消耗量减少，相反，煤炭消耗量大量增加。后来学者进一步研究指出，能源效率提高导致能源消耗的增加量未必会超过节约量，也即"杰文斯悖论"不一定会发生，但是能源节约量会被能源消费增加量抵消掉一部分，于是提出了能源回弹的概念，并将"杰文斯悖论"作为能源回弹效应的一种特殊情形。

能源回弹效应是指技术进步非但没有提高能源的节约效率，反而产生了逆效应，即刺激消费者和生产者使用更多的能源，最终带来能源消费的增加。能源回弹效应用 RE 表示：$RE = \dfrac{\Delta R^+}{\Delta R^-}$，$\Delta R^+$ 是新增消费的能源量，ΔR^- 是节约的能源量。根据 RE 的不同数值，可以分为以下几类情况：$RE > 1$ 时，表现为回火效应，即能源消费增加；$RE = 1$ 时，表现为完全回弹效应，即新增的能源消费量和节约的能源量相等，二者抵消；$RE < 1$ 时，表现为部分能源回弹效应，即新增的能源消费量可以抵扣部分节约的能源量；$RE = 0$ 时，表现为零回弹效应。

根据研究对象范围的不同将能源回弹效应分为直接回弹效应（direct rebound effects）、间接回弹效应（indirect rebound effects）以及经济范围的回弹效应（economy-wide rebound effects）三种。直接能源回弹效应是指能源使用效率的提高使得一种能源产品或者服务的价格下降，然后进一步刺激消费者对该能源产品或服务的消费；间接能源回弹效应则指能源使用效率提高引起一种能源产品或服务的价格下降，从而相对提高消费者的购买力，最终可能导致消费者增加对其他能源产品或服务的消费；经济范围的回弹效应研究的对象包含所有经济部门的能源消耗。

目前国内外现有关于能源回弹效应的实证研究多集中在行业分析、地区分析以及能源消费分析等方面。例如，物流业、高碳产业、建筑业、轻工业、工业、交通运输业等行业，各国国家、京津冀和长江经济带等区域、辽宁省和河南省等省域、家庭或社区范围等的地区分析，居民用电量、电解铝、家庭用车、钢铁等方面的能源消费分析。除此之外还包括在环境、技术进步、市场扭曲、金融发展等方面的应用。

但是关于回弹效应的影响仍然存在一些争议。例如，杨晓华（2017）指出，有的学者认为回弹效应的影响可以小到忽略不计的程度，而有的学者认为回弹效应在能源方面会产生较大的负面影响。

5.1.3　IPAT 和 STIRPAT 模型（侧重 STIRPAT）

美国著名人口学家埃利希于 1971 年提出了 IPAT 模型，即环境污染模型，认为人口增长对环境的冲击不仅与人口总量有关，而且与社会的富裕度以及技术水平有关。因此，IPAT 模型常用来分析人类活动对环境造成的影响，是该领域的一个经典等式，可用来分析很多环境影响，目前主要集中于二氧化碳排放的研究中。在 IPAT 等式：$I = PAT$ 中，I 为 PAT 的乘积，I 为环境影响，可以是能源消耗或污染物排放等；P 为人口规模，一般用人口数量来表示；A 为富裕度，一般用人均 GDP 来表示；T 为技术水平。

为了进一步进行实证分析，Dietz 和 Rosa（1994）在 IPAT 模型的基础上提出了 STIRPAT 模型，IPAT 模型只能处理同比例线性关系，STIRPAT 模型则克服了这种缺点，能够得到影响因素对环境变化的非比例影响。STIRPAT 可拓展的随机性的环境影响评估模型（通过对人口、财产、技术三个自变量和因变量之间的关系进行评估）。STIRPAT 模型的一般形式如下：

$$I_i = a\, P_i^b\, A_i^c\, T_i^d\, e_i \tag{5—3}$$

式中：a —— 常数项；

　　　b，c，d —— P，A，T 指数项，i 为不同观测单元间的变化；

e ——误差项。

由于缺乏统一的技术测量指标，实际应用中通常会将 T 放在残差项中。根据公式可得，当 $a = b = c = d = e = 1$ 时，STIRPAT 模型即变成了 IPAT 模型。

在一般的研究中，为了研究人文因素对环境的影响，通常将 STIRPAT 模型进行对数形式转换，即

$$\ln(I) = a + b\ln(P) + c\ln(A) + e \qquad\qquad (5—4)$$

式中：a、e ——公式（5—3）中 a 和 e 的自然对数。

STIRPAT 模型用于理解人类系统与其赖以生存的生态系统之间的动态耦合协调性关系，基于社会科学与生态视角搭建其理论基础，该理论基础强调了这两个复杂的系统之间的相互因果关系，即人类社会对生态系统的某些影响作用也表征人类选择将受到生态环境的一定影响。STIRPAT 模型具体指用于评估人类对自然环境影响的一种统计概念模型，可用于在任何实际情况下对结构人类生态学理论的分析检验，使用模型的目标便是为该检验过程提供一种分析策略。

STIRPAT 模型的设定十分灵活，在已有文献的实际应用中，学者们根据不同的学术研究需要对模型左右两边的因变量以及自变量进行删减与修正，可解释变量分解成若干更加具体的解释变量、添加已有自变量的多项式或者加入其他对环境产生影响的因素等，如考虑将能源结构、产业结构、人口结构、产业集聚及城市化水平等因素置于模型中。

STIRPAT 模型广泛应用于经济与环境的实证分析中，如对城镇化水平与能源消费碳排放的关系、中国省域环境伦理行为、我国各省份及各区域范围内的碳排放和空气质量、工业固体废弃物排放驱动因素、农业资源环境压力、不同行业发展对于碳排放以及空气质量的影响、进出口贸易对中国 $PM_{2.5}$ 污染的影响等进行量化分析。除此之外还包括数字经济发展、科研投入、环境规制、家庭消费等领域的应用。

5.1.4　因素分解分析模型（侧重 LMDI）

近年来，因素分解分析的理论及应用得以发展并完善，目前主要用于能源消耗

及温室气体排放的相关研究中。指数分解方法的使用较为广泛，实质是将一个因素的变化分解为多个关键组成因素的乘积，并根据不同的权重确定方法进行分解，以分析各因素的贡献率。指数分解法又包括 AMDI 分解方法和 LMDI 分解方法。

对数平均迪氏指数分解（logarithmic mean Divisia index，LMDI）方法是 1998 年在指数分解法（index decomposition analysis，IDA）基础上提出的一种因素分解模型，可以测算某一影响因素在任何时期的变化对污染排放的净影响，被广泛运用于碳排放、能源以及环境等领域。LMDI 法更加简洁，适合对有连续变化规律的数据进行分解分析，并且分解时没有残余项。

LMDI 基本思路是将目标变量分解出的各个因素变量都看成是时间 t 的连续可微函数，然后对时间进行微分，并分解得出各个因素变量的变化对目标变量的驱动程度。其具体表达方式及模型的建立下文将详细说明。对数平均迪氏指数分解方法具有全分解、易使用、范围广的优点，其最大的特点是不会产生其他分解方法可能存在的残差问题，而且允许数据中包含零。LMDI 分解法具有两种形式，分别为加法和乘法。

以碳排放为例，根据日本学者 Yoichi Kaya 提出的著名的 Kaya 恒等式：

$$C = \frac{C}{E} \times \frac{E}{GDP} \times \frac{GDP}{P} \times P \qquad (5\text{—}5)$$

式中：C ——二氧化碳排放量；

E ——能源消费量；

P ——人口数量。

由等式可知，能源消费的碳排放量主要被分解为二氧化碳排放强度 CI（C/E）、能源强度 EI（E/GDP）、经济发展水平 YP（GDP/P）和人口规模 P 这 4 个因素。

LMDI 分解法的先进性与灵活性不但在能源和环境经济领域得到广泛应用，近几年也不断被应用到其他社会经济领域政策的制定与研究中，可针对研究对象的范围（全国、分地区、分行业）和时间跨度开展其影响因素的贡献分析。从近几年的国内研究中可以发现，LMDI 法在低碳经济发展、水资源生态足迹、碳足迹、碳排放或能源消耗与经济增长关系、工业污染排放影响、交通、农业、工业、行业与领域的碳排放和能源消费、居民用电等问题的研究上都有广泛应用，并主要集中在水资源利用、能源消费及碳排放问题的研究上。除此之外，LMDI 法还在外贸、土地利用、养殖、环境污染等领域有应用实例。

5.2　能源系统规划模型（侧重 LEAP）

能源系统规划模型常被应用于研究能源供需或能源政策的环境、经济、社会影响，或者被应用于分析经济、能源、环境系统之间的动态关联。现阶段常用的能源系统规划模型包括：发展中国家能源需求预测（MEDEE-S）模型、MARKAL 模型、Input-Output 模型等。

5.2.1　MEDEE-S 模型

MEDEE-S 模型是 MEDEE 模型的一支，MEDEE 即能源需求长期预测模型，是由法国格勒诺布尔能源经济政策研究所在 1977 年首次推出，之后，该模型的两位创始人 B. Chatean 和 B. Lapillionne 又不断发展完善了 MEDEE 模型。

MEDEE 模型属于技术经济模型，将一个国家或地区的能源系统首先按消费部门分解，在每一部门内再将能源需求按最终用途分解，这些最终用途又处于不同的技术经济环境之中。MEDEE 模型（在每一个子元内）首先模拟人类生产或生活中对某种"服务"的需求，然后以"有用能"的概念将生产或生活中的需求转化为能源需求。"有用能"可以认为是在耗能设备效率为 100% 时，为满足某一项生产或生活的需求所消耗的能源量。

B. Lapillionne 考虑到发展中国家能源需求的某些特点，设计了发展中国家能源需求预测模型（MEDEE-S）。MEDEE-S 模型是能源需求评价模型，是为中等收入国家设计的长期（15~20 年）终端能源需求预测技术经济模型。该模型从能源消费终端着手，根据社会经济、技术和能源替代等因素的发展变化，进行分部门的能源需求预测。模型本身不能判断情景变量设置是否合适，预测结果的好坏取决于对预测地区的人口、社会经济、技术和能源替代情况的分析及对未来情景的发展趋势的判断。

MEDEE-S 模型作为 MEDEE 模型的一支，属于简单的数量模型，模型内每一个子元的决定变量均为外生变量，由这些外生变量以及初始赋值就可以直接计算出所需结果。MEDEE-S 模型将一个发展中国家或地区的能源系统划分为 5 个消费部门：工业、农业、交通、居民和服务。这 5 个消费部门对应着 5 个子模型，各子模型也可以作为独立模型单独使用。每个部门模型内都设有一套标准计算程序，用来模拟计算该部门内最常见和一般性的能源需求过程。

MEDEE-S 定义了一个"替换效率"的概念，以代替常用的能源设备效率，替换效率既反映能源使用效率，也反映耗能者行为效应。这样，当一种能源替代另一种能源时，能源的"替换效率"也发生相应变化。当耗能者行为效应可以忽略时，替换效率即为通常的能源使用效率。因此，在 MEDEE-S 模型中，对于不同的能源用途，有 4 种方法计算其最终用能：对于只使用特定能源的用途，其最终用能为 FE_{ij}（i 指能源类型，j 指用途，下同）。对于能源可替换的用途，其最终用能的计算方法又有下述 3 种情况：（1）利用有用能绝对值计算。$FE_{ij} = UE_j / EFF_{ij}$，式中：$UE_j$ 为该用途有用能需求绝对水平；EFF_{ij} 为绝对效率值。（2）利用有用能相对值计算。$FE_{ij} = RUE_j / EFFR_{ij}$，式中：$RUE_j$ 为该用途有用能需求相对水平；$EFFR_{ij}$ 为相对效率值。（3）利用替换效率计算。$FE_{ij} = FER_j / CC_{ij}$，式中，$FER_j$ 为该用途使用参考能源时的最终用能水平，CC_{ij} 为替换效率。当 $i =$ 参考能源时，$CC_{ij} = 1$。关于假设方案的建立，模型要求对经济、社会、人口以及政府的能源政策等做出一系列假设，以外生变量形式输入模型。

概括说来，假设方案中包含 3 种系数：发展指数 I，其值在初始年时计为 1，计算 年为 I_n（如 $I_n = 1.4$ 意味着某变量从 0 年到计算年增长了 40%）。弹性系数 E，其值决定了两个变量之间的指数关系：$Y = x^E$（$E = \dfrac{dy}{y} / \dfrac{dx}{x}$）。结构系数 R，对某一最终用途而言，其值表示不同类型能源（或技术过程）所占的份额。当模型所需初始年数据给定时，由上述 3 种系数便可决定各主要外生变量在计算期内的发展变化了。

5.2.2 MARKAL 模型

MARKAL（market allocation）是国际能源署（IEA）在 20 世纪 70 年代开发的综合型能源系统优化模型，可用于预测多地理尺度的能源—经济—环境演变。MARKAL 模型是由能源需求约束的多周期能源供需线性规划模型，是"按需求驱动的"通用能源模型，代表着一国或一个地区在几十年内能源系统的革新，具有动态规划特性，在满足要求的污染物排放量限制和给定的能源需求量下，能够确定出最佳的能源供应结构以及最佳的用能技术结构。在用于解决一个国家或地区的能源系统规划和结构优化等问题中优势突出，具有多目标分析的功能，用法灵活的特点。作为线性模型，MARKAL 模型能够选择满足能源需求的最佳技术组合，基本应用于评估新能源以及满足环境排放限制的能源技术。

MARKAL 模型可视不同的模拟对象与研究问题而灵活变动，因此具有很大的灵活性和可塑性，从而扩大了其适用范围。一般来讲，MARKAL 模型约束矩阵规模在 2 000 ~ 4 000 行，决策变量数目更多，可达上万个。MARKAL 模型的决策变量是模型的结构单元对能源载体活动量的描述指标，如规模、产量、新增能力等，通常这些变量之间不一定存在共线性关系，而是相互独立的，但这些变量又都有时间、工艺、资源等不同下标，所以一个结构单元常可以用十几个到几十个决策变量加以描述。用几百个结构单元就可以构成上万个变量的大规模系统模型。

MARKAL 模型的研究方法主要是运筹学的多目标规划理论和混合整数规划方法，具有独特的多目标分析功能。模型拟定了 8 种目标函数，以便研究不同问题时使用，如总费用函数、安全函数、各种环境函数、各种资源消耗函数等。模型也可以对比任意两种主要目标函数之间的相互影响。目标函数是在某个特定条件下的极小值或极大值。典型 MARKAL 模型的目标函数通常是在满足有限资源供应及其他限制条件的前提下，全期能源系统总成本为最低，主要目标函数有费用函数和安全函数。其中费用函数是能源系统在规划期内各种支出费用的总贴现值。各种费用包括：各种工程和设备的投资费用、运行与维护费用、能源的消耗费用、期末设备残值等。安全函数通常以进口的数量与安全权重系数的乘积作为目标。有些国家开采本国的能源成本往往都高于直接进口能源价格，但是进口能源对保证国家的能源供应是有风险的。因此，这个函数的目的是尽量减少对进口能源的依赖程度。

MARKAL 模型还可以结合能源系统模型相关的环境、经济和政策等条件以及不同能源载体之间转换关系进行方案模拟。该模型解决区域内工业、商业、建筑及交通等领域的能源总需求，能够反映一切现有的和预期的能源开采、运输、转化及使用的技术工艺，能反映一些约束条件，如投资成本、运行维护成本、有效寿命、燃料使用效率、新能源利用的可能性和预期最大市场容量等。

国内文献中使用 MARKAL 模型的研究较少，在这些应用中主要包含公共机构能源供应结构优化设计和可再生能源的利用、电力系统规划方法、低碳技术发展路线、可再生能源发展预测、碳交易市场定价、发电系统模型、城市居民生活节能、城市能源系统分析建筑节能等方面的研究。该模型也具有一定的局限性。例如，王雨（2020）在研究水-能源-粮食纽带关系时指出，尽管 MARKAL 模型能够很好地捕捉能源系统的复杂性，但由于研究对象的限制，无法直接对水粮关系（WF）进行定量分析，且刻画多系统间关联的能力较弱，MARKAL 模型对输入数据的要求较高，更适用于对未来情景的探索，不适合短期规划或应急响应。

5.2.3　Input-Output 模型

Input-Output 模型，既投入产出模型，又称"部门平衡"分析或"产业联系"分析，在现代经济地理学中，投入产出分析方法是必不可少的方法之一。最早由美国经济学家瓦·列昂捷夫（W. Leontief）提出，主要通过编制投入产出表及建立相应的数学模型，反映经济系统各个部门（产业）之间的相互关系。自 20 世纪 60 年代以来，这种方法就被地理学家广泛地应用于区域产业构成分析、区域相互作用分析，以及资源利用与环境保护研究等各个方面。

投入产出模型是一种经济数学模型，它是由变量、系数和函数关系三部分组成的数学方程。变量是构造模型的因素；系数是一个变量通过其特定的因果关系对另一个变量发生影响的程度；函数关系是对组成模型的各种常数、系数和变量之间的相互关系的描述。投入产出模型基于投入产出表所描述的国民经济各产业之间投入产出的数量关系，更进一步地研究和揭示其内在规律，无论是对当期的分析还是对未来的预测都有非常重要的意义。投入产出模型的建立一般分为两步：一是先依据投入产出表计算各类系数；二是在此基础上，依据投入产出表的平衡关系，建立起投入产出的数学函数表达式，即投入产出模型。

按照时间概念，投入产出模型可以分为静态投入产出模型和动态投入产出模型。静态投入产出模型主要研究某一个时期各个产业部门之间的相互联系问题；按照不同的计量单位，可以分为实物型和价值型两种：实物型——按实物单位计量；价值型——按货币单位计量，这两种模型最能反映投入产出特征。动态投入产出模型针对若干时期，研究再生产过程中各个产业部门之间的相互联系问题。

静态投入产出模型只能反映一个时点上的经济发展及结构情况。动态投入产出模型是对静态投入产出模型的发展，其中引入了时间变量，同时通过投资系数矩阵将投资由外生变量变为内生变量，再现了投资与生产之间的相互联系、相互制约的循环往复过程，反映了经济指标在所研究时间序列上的变化规律，使得模型更符合实际经济运行状态。动态投入产出模型有两大类，即以微分方程形式描述的连续型动态投入产出模型和以差分形式描述的离散型动态投入产出模型。Leontief 离散型动态投入产出模型的基本形式为：

$$X(t) = A(t)X(t) + B(t)(X(t+1) - X(t)) + Y(t) \tag{5—6}$$

式中：$X(t) = (x_1(t), x_2(t), \cdots, x_n(t))^T$——第 t 年各部门的总产量向量，$x_i(t)$ 代表第 i 部门的总产值；

$A(t) = (a_{ij}(t))_{n \times n}$——第 t 年的直接消耗系数阵 $a_{ij}(t)$ 表示第 t 年第 j 部门单位总产值直接消耗第 i 部门产品或服务的价值；

$B(t) = (b_{ij}(t))_{n \times n}$——第 t 年的投资系数矩阵，$b_{ij}(t)$ 表示第 j 部门在第 $t + 1$ 年度每增加单位总产值对第 t 年第 i 部门投资的需要量；

$Y(t) = (y_1(t), y_2(t), \cdots, y_n(t))^T$——第 t 年的最终净使用向量，各部门最终净使用是指去掉生产性投资之后的最终使用，它包括消费、非生产性投资和净出口。

投入产出模型广泛应用于各个学科的研究中，从国内研究文献来看包括宏观经济管理与可持续发展、工业经济、贸易经济、金融、旅游、数学、环境科学、生物学、水力电力、计算机、建筑等众多学科。应用投入产出模型的研究文献丰富，近几年的研究文献包含例如对中美贸易、水资源消耗结构、碳减排潜力、医院效率、纺织服装产业发展、能源冲击、增值税改革、科技金融效率、农业产业链、房地产业、产业生态补偿等各个方面。

5.3 空气质量模拟模型

5.3.1 大气污染源解析方法

大气污染源解析主要是指大气颗粒物源解析技术，即对大气颗粒物的来源展开定量或者定性研究。此项技术属于防治大气环境的关键技术之一，对于全面解析颗粒物排放源与大气环境质量而言意义深远。此项技术能够有效解决控制颗粒物来源难度过大、类型较为复杂等问题，进而能够提升防治大气污染工作质量及其针对性、科学性和合理性。

大气污染源解析主要是一个数据统计处理过程，通常是基于受体模型，即把研究区域作为一个受体，污染物则是来自不同方向、不同距离、不同类型的污染物的一个混合体。要把不同的污染源及其贡献率从这个混合体中解析出来就涉及很多参数，如取样时间、取样体积气候条件（能见度、风向、风力、温度、湿度、天气），颗粒物质量各元素成分含量和种态含量等基础数据。这些数据还需要通过评价，对每个颗粒物样品的质量进行重组。

当前随着对大气污染源解析研究的持续深入，技术人员提出了越来越多的模型，常用大气污染源解析技术方法与模型有受体模型法、排放源清单法、扩散模型法。

受体模型法的研究时间较长，其核心便是经由分析源样本、颗粒物受体等化学成分对污染源的强度加以确定，从而对污染源的主要来源加以判断。另外，因为此类模型并不会对污染源清单法以及气象条件产生依赖，进而使扩散模型法很难解决的问题得以有效解决。此方法当前已经拥有多元统计分析法、化学质量平衡法与多因子分析法等。

排放源清单法属于被最早应用到大气污染源解析的技术，主要是按照污染源实际排放因子对区域中多类污染源排放量加以预估，并且对区域中大气污染物最关键的排放源加以识别。有关人员已经借助此方法对 VOCs、SO_2、NH_3、NO_x 以及 CO 等高时空分辨率等主要反应气体加以解析，进而获得国内各地污染源排放量显示网格。而还有一部分研究人员借助此方法全面解析了我国的 $PM_{2.5}$ 来源，获得了相应颗粒物排放状况。然而此方法最明显的缺点在于：污染排放源和空气质量有着较为复杂的关系，受体和污染源间也并非单纯的线性关联，因而需要对排放量进行预估，但是大气污染物有着极为广泛的来源，所以很难展开精准预估。在社会实际发展过程中，大气污染源数量、类型持续增加，此方法已经不能完全符合相关解析工作的本质需求。

扩散模型法的主要出发点为污染源角度，通常是按照气象资料、污染源强度和地理资料等对颗粒物污染源的贡献进行估算。此方法最重要的部分即大气扩散的主要模型，常被用于对大气污染物扩散、输送和扩散全流程及其转化等展开模拟。

大气污染源解析方法被广泛应用于各城市和地区空气质量研究当中，如北京市、太原市、焦作市、哈尔滨市以及京津冀地区等。从提出至今，源解析技术已经发展了几十年，其框架正在趋于完善，然而依然存在诸多瑕疵，尤其是在污染源数量、类型与日俱增的新时期，社会对其关注度也越来越高。因此，有关部门应该对此予以高度重视，对源解析技术进行进一步完善，从而确保此项技术得以充分提升，对大气污染进行全面解析。

5.3.2 大气排放源清单处理模型

美国国家环境保护署（U. S. Environmental Protection Agency，EPA）从 20 世纪 60 年代就开始组织了大量的排放因子测试与规范研究，逐步发布了基于现场测试的各类大气污染物排放因子，通过不断的积累与更新，于 1995 年发布了目前为止最为全面的第五版大气污染物排放因子库 AP-42（compilation of air pollutant emission factors）手册，是其他缺乏清单建立基础信息的国家和地区建立排放清单的最重要参考之一。在此基础上，EPA 先后编制了 1996—2002 年的美国全国大气排放源清单（national emission inventory，NEI），涵盖了 SO_2、NO_X、CO、$PM_{2.5}$、PM_{10}、VOCs 和 NH_3 7 种标准污染物，并每 3 年进行一次全面的数据更新，建立起全面、系统的国家排放源清单数据库。

大气排放源清单里面囊括了该地区主要的大气污染源、污染气体以及排放总量等内容。大气排放源清单均具有以下特点：涵盖主要的污染源和污染物；包含污染特征信息；具备时间和空间分辨率。大气排放源清单的建立是一个复杂且系统化的工作，涉及多种方法的运用。目前，建立区域性大气排放源清单的方法主要分为以下 4 种：监测法、物料衡算法、排放因子法、模型法。

监测法采用被认可的监测方法和仪器测量排放气体的流速、流量、污染物浓度等基础数据，通过开展实测获取污染物排放参数，经计算得到相应的污染物排放量，计算方法：

$$E_i = V_n \times C_i \times 10^{-6} \tag{5—7}$$

式中：E_i——污染物 i 的单位时间排放量，kg/h；

V_n——废气体积流量，m^3/h；

C_i——实测得到的污染物 i 的质量浓度，mg/m^3。

监测法又可分为现场监测法和在线监测法两种。现场监测法即需要排放清单制作人员实地考察各个排放点的排放情况，包括烟囱的数量和位置信息、除尘设备的型号、燃料的类型和数量以及其他防护措施。现场监测法实施的难度系数最高，需要相关部门的配合，对人员的专业性、技术性要求较高，排放清单的制作时间长、耗费量大，并且一般只能在有限时间内进行手工测量；其优点是排放清单的可靠性最高、信息最翔实。在线监测相较于现场监测法操作较方便，可以不受时间的限制进行连续性监测。在线监测需要登录当地的环保网站查看各个工厂在不同时段废气排放口的排放量，烟尘、二氧化硫、氮氧化物等污染气体排放浓度以及温度、湿度等其他辅助数据，可以根据污染物浓度和气体的排放量计算出污染物的排放量。其缺点是现有的在线监测数据主要包括国控、省控重点企业排放信息，不能囊括研究区域内全部工厂的信息，也无法获取全部污染物的排放信息。

物料衡算法是一种科学的计算方法，其原理来自能量守恒定律，即投入量 = 产出量，对生产过程中物料变化情况进行定量分析的一种方法，计算公式：

$$M = P + E \tag{5—8}$$

式中：M —— 投入物料总量；

P —— 生产出的产品总量；

E —— 物料和产品流失总量。

该方法主要用于工业污染源排放量的计算，需要对企业燃烧部门、工艺生产部门各个环节的燃料类型、使用情况进行充分调研。针对某一基准物投入量等于产品量，遵循能量守恒定律。物料衡算法的优点是经济成本较低、计算难度较小，缺点是可靠性相对较低。

排放因子法是目前国内外编制排放清单时使用最普遍的方法，分为自上而下、自下而上两种方法。通过将人类生产生活的活动水平数据与单位活动水平的排放量（排放系数）结合起来，进行污染物排放量计算：

$$E_i = A \times EF_i \tag{5—9}$$

式中：A —— 活动水平数据；

EF_i —— i 污染物排放系数。

排放因子法的关键在于排放因子数据的收集和选取。一般在排放因子选取方面遵循国内实测因子或者本地化因子优先的原则，无国内数据的情况下可考虑使用国外同等技术水平下的排放因子。自上而下法指获取研究区域的总体活动水平数据，按照总数据进行计算，最后根据相关的表征数据进行空间分配，优点是数据获取较为方便、计算简单，缺点是空间分配精度不够。自下而上法需要获取研究区域内各工厂、各县下辖区域的活动水平数据，根据各个点源或各县下辖区域数据进行计算，最后汇总成研究区域的总排放量。其优点为空间分配精度有所提高，缺点为涉及诸多行业数据且不对外公开，活动水平数据获取难度大。

模型法即将活动水平数据输入到现有的模型中进行计算，最终求得排放量数据。现有的模型主要是针对特定的排放源进行污染物排放量的估算，如 NONROAD 模型、MOBILE 系列等。模型输入的数据除了包括污染源的活动水平数据，还包括温度、湿度、风速等其他辅助性的数据。此外，在使用模型法进行估算时还需要在模型中输入当地的参数，对模型进行本地化处理。

大气排放源清单在分析大气污染问题上具有较为广泛的应用，但从国内研究来看，文献较少，且多集中在使用大气排放源清单对各城市和地区大气污染问题进行研究分析，除此之外还有少量关于特殊排放源，例如机动车、生活垃圾处理、农牧源、餐饮企业、化石燃料燃烧、燃煤电厂、铝工业炉窑、钢铁行业、机场群、铜冶炼行业、道路扬尘、船舶等产生排放的研究。

5.3.3 中尺度气象模拟模型（WRF）

WRF（the weather and forecasting）模型是由美国国家环境预报中心（National Centers for Environmental Prediction，NCEP）、美国国家大气研究中心（NCAR）联合美国预报系统实验室（FSL）、美国空军气象局、美国海军研究实验室、俄克拉何马大学和美国联邦航空署（the Federal Aviation Administration，FAA）共同开发的中尺度数值天气模型。WRF 是一种完全非静态的可压缩模型，它利用 Arakawa C 网格，整合大气模拟、数据同化和数值天气预报于一体，能有效改善中尺度天气模拟和预报，被广泛用于区域天气模拟和业务预报。WRF 采用 Fortran 90 语言编写，它的特点是灵活、易维护、可扩展、有效以及适用计算平台广泛。其主要特色在于先进的数据同化技术、功能强大的嵌套能力和先进的物理过程，特别是在对流和中尺度降水处理能力方面更有优势。

WRF 模型适用范围很广，从中小尺度到全球尺度的数值预报和模拟都有广泛的应用，既可以用于业务数值天气预报，也可以用于大气数值模拟研究领域，包括数据同化的研究、物理过程参数化的研究、区域气候模拟、空气质量模拟、海气耦合以及理想实验模拟等。该模型的 ARW 版本具有方便的预处理模块、后处理模块和同化观测数据模块，适合于空间尺度从几公里到几千公里的天气数值模拟研究。

气象数据一般来自气象站和气象卫星的观测和收集。这些数据包括两种类型：一种是非结构化的离散数据，常见的气象元素有气温、气压、降水等；另一种是结构化的数据，它由各种气象模型数值模拟计算得出，这些气象模型有：美国宾夕法尼亚大学和美国大气研究中心共同研究的 MM5（mesoscale model 5）模型、美国国家大气研究中心与国家科学基金会的 WRF 模型，还有俄克拉荷马大学风暴分析和预报中心的 ARPs（advanced regional predictions）模型。MM5 由于是较早开发的中尺度大气模型，物理机制较为陈旧，程序的规范化、标准化程度也较低，导致运行效率不高；ARPs 模型虽然有着较为全面的物理机制和规范、标准的程序过程，但是其主要是对风暴进行分析和预报，针对性比较强。

WRF 模型与 MM5、ARPs 相比具有更多优势。首先，WRF 内部提供了 7 种物理化参数方案，比 MM5、ARPs 更加丰富，针对不同的天气状况，可以衡量每种参数方案的优缺点选择最佳的参数方案，因此描述天气过程时更加准确；其次，WRF 的计算网格形式采用 Arakawa C 网格，在 C 网格的单一网格距上便可以计算出气压和散度项，从而提高网格的分辨率，解决了 1km ~ 10km 分辨率 60 小时内目标区域的天气预报和反演问题，并且随着分辨率的提高，这方面的优势更加明显。此外，WRF 模型的输出数据为 NetCDF 格式，是一种广泛应用于气象科学领域的数据格式，其函数形式为 $v = f(x, y, z)$，主要包括 3 方面：变量、维度和属性。

函数中 x、y、z 分别代表一个维所在的自变量，v 代表相应的物理数据，属性用来描述函数的具体意义；清晰的数据结构很好解决了网格数据的读取、修改等操作，研究者可以使用 Matlab、C++、Fortran 等语言对 WRF 模式数据进行识别、分类。

WRF 模型的整体框架主要由 4 部分组成：预处理系统（用于将数据进行插值和模式标准初始化、定义模式区域、选择地图投影方式）、同化系统（包括三维变分同化）、动力内核以及后处理（图形软件包）部分。模式的动力内核（或者框架）分为 WRF-ARW（用于科学研究）和 WRF-NMM（用于业务预报）两种模块。ARW 和 NMM 均包含于 WRF 基础软件框架中，它们之间除了动力求解方法不同之外，均共享相同的 WRF 模型系统框架和物理过程模块。ARW（advanced research WRF）是在 NCAR 的 MM5 模型基础上发展起来；NMM（nonhydrostatic mesoscale model）是在 NCEP 的 Eta 模型基础上发展起来。

中尺度气象模拟模型在气象学、海洋学、环境科学、建筑科学、地球物理学等学科中都有一定的应用，但从国内研究文献来看，使用该模型的研究文献较少，近几年应用 WRF 的研究主要包含对城市群 $PM_{2.5}$ 化学组分特征、河流污染预测、风场、降水、雾霾气溶胶、颗粒物污染、城市或地区空气质量、水文模拟、热岛效应、洪水预报等方面的研究。

5.3.4 多尺度空气质量模型（CMAQ）

CMAQ 是 20 世纪 90 年代末由美国环保局开发的第三代空气质量模型。它基于"一个大气"的理念，考虑了各种污染物及其之间的相互作用，能同时完成臭氧、悬浮颗粒和沉降作用的模拟，且模拟尺度从局地、城市到区域。完成整个 CMAQ 的模拟需要气象模式为其提供风场、温度、湿度和气压等气象参数，源排放处理程序为其提供排放源污染信息。CMAQ 本身则通过建立数学模型，在模拟过程中能将天气系统中小尺度气象过程对污染物的输送、扩散、转化和迁移过程的影响融为一体考虑，兼顾了区域与城市尺度之间大气污染物的相互影响以及污染物在大气中的气相化学过程，包括液相化学过程、非均相化学过程、气溶胶过程和干湿沉积过程对浓度分布的影响。

CMAQ 模型由 5 个主要模块组成，其核心是化学传输模块 CCTM（CMAQ chemical-transport model processor），可以模拟污染物的传输过程、化学过程和沉降过程；初始值模块 ICON 和边界值模块 BCON 为 CCTM 提供污染物初始场和边界场；光化学分解率模块 JPROC 计算光化学分解率；气象-化学接口模块 MCIP（meteorology-chemistry interface processor）是气象模型和 CCTM 的接口，把气象数据转化为 CCTM 可识别的数据格式。其中 CCTM 模块具有可扩充性，如加入云过程模块、扩散与传输模块和气溶胶模块等，操作者可以选择在 CMAQ 中加入这些模块以便于模型在不同区域的模拟。CMAQ 的数值计算所需的气象场由气象模型提供，如中尺度气象模型 MM5（fifth-generationNCAR/penn state mesoscale model）和WRF（weather research and forecasting model）；所需的源清单由排放处理模型提供，如稀疏矩阵核处理源清单模型 SMOKE（sparse matrix operator kernel emissions）等。CMAQ 模型可用于日常的空气质量预报，如区域与城市尺度对流层臭氧、气溶胶、能见度和其他空气污染物的预报，还可以用来评估污染物减排效果，预测环境控制策略对空气质量的影响，从而制订最佳的可行性方案。

针对当前大气环境呈现的复合型、区域型污染特征，CMAQ 可为确定"质量目标"与"控制措施"间的定量化关系提供技术支持。具体来说需要根据现状污染源清单以及规划期污染源的变化情况，分别设置基准情景和预测情景，通过对比两种情境下的模拟结果，定量评估规划方案带来的环境效益。

CMAQ 模型凭借其较为全面的大气污染物输送及化学反应机制，被广泛应用于科研和业务模拟工作中。从已有文献中可以看出，CMAQ 模型的应用主要集中在对各城市和地区的臭氧、氮氧化物和硫氧化物、颗粒物 $PM_{2.5}$ 和 PM_{10} 以及其他大气污染物，如二噁英和放射性物质的研究中。

CMAQ 模型结构严谨，体系完整，系统也十分灵活，还具有良好的可扩充性，能与其他的应用软件结合使用。CMAQ 能合理准确预测空气中的各种常规污染物浓度，并对其在不同尺度下的不同类型污染过程进行模拟，可以有效支持环境管理与决策，对我国的重点污染区域和重点污染源进行识别，分析重点区域的环境质量变化趋势和污染治理效果。CMAQ 模型系统还可以用来进行区域环境影响评价，从宏观层次对区域大气质量环境进行评价和预测，比较不同的区域污染削减方案对环境的影响，为我国的大气环境规划管理提供依据，提供环境与经济持续发展的决策支持。

5.4 一般均衡模型和综合评估模型（CGE、IAM）

5.4.1 可计算的一般均衡模型

1874 年，莱昂·瓦尔拉斯在专著《纯粹经济学要义》中提出了一般均衡理论的概念。瓦尔拉斯将经济系统看作一个整体，以边际效用价值论为基础，区分了 3 类商品（最终产品、服务和资本品）、3 类市场（产品市场、服务市场和资本品市场）和 4 类经济主体（地主、工人、资本家和企业家）。他认为，3 类市场中商品均衡价格形成的条件为：一是每一种产品、每一种服务、每一种资本品的有效供给和有效需求相等；二是居民户（包括地主、工人和资本家）实现收支平衡和消费效用的最大化，企业家的产品价格和产品成本相等并实现利润最大化。瓦尔拉斯指出，各种商品和劳务的供求数量和价格是相互联系的，一种商品价格和数量的变化会引起其他商品的价格和数量的变化，所以不能只研究一种商品、一个市场上的供求变化，必须同时研究全部商品、全部市场供求的变化。只有当所有市场都处于均衡状态，个别市场才能处于均衡状态。1912 年，荷兰数学家 Brourver 发现了不动点理论，证实了经济学理论中一般均衡模型解的存在。随后，Wald、Arrow、Debreu 等研究者运用不动点理论证实了一般均衡解的存在性，为一般均衡理论的初创研究奠定了基础。

一般均衡理论由于过于抽象，为了将其应用于实际的经济问题研究，需要求解一般均衡模型，使其成为可计算一般均衡模型（computable general equilibrium model，CGE）。第一个 CGE 模型由 Johansen 在 1960 年创建，该模型中设定了 20 个成本最小化的产业和一个效用最大化的消费部门，通过建立一组非线性方程和使用对数形式将这些方程线性化，然后再对这些方程进行微分并利用简单的矩阵求逆得到相对静态的结果。价格在其中起了很重要的作用，决定消费和生产决策，是一个均衡的模型（Johansen，1960）。

在 Johansen 对 CGE 模型的创建做出重大的贡献之后，CGE 模型在相当长一段时间内陷入了沉寂。直到 1967 年，Scarf 发现一种计算不动点的整体收敛算法，在技术上使均衡价格的计算成为可能。可计算一般均衡模型通过对一般均衡理论进行简化，用一组方程来描述供给、需求及市场关系，将生产供给和最终需求进行详细的数量化描述，使其成为具有计量、模拟和演示控制功能的模型，完整地为描述国民经济系统运行提供了一个框架。其基本结构主要包括：供给部分、需求部分和供求关系部分。在供给部分，模型主要对生产者的行为特征进行描述，其中包括生产者的生产函数和约束方程，生产要素的供给方程以及优化条件方程等。生产者的行为特征是组织生产商品和提供服务，然后投放市场进行销售；同时生产者也是生产资料（中间投入）和生产要素（劳动和资本）的需求者和购买者。生产者以生产成本最小化作为供给函数设定和求解的基本原则。在需求部分，CGE 把总需求分解为最终消费、中间投入和再投资 3 部分，消费者包括居民、企业和政府 3 类机构主体。消费者行为特征包括消费者的需求函数和约束条件，生产要素的需求函数，中间产品的需求函数及其优化条件。总需求根据消费者效用最大化的原则来确定。市场是联结供求双方的渠道。在完全竞争的假设条件下，存在一组市场均衡价格使得产品市场和要素市场达到均衡。

CGE 模型最重要的成功在于它在经济的各个组成部分之间建立起了数量联系，使我们能够考察来自经济某一部分的扰动对经济另一部分的影响。对于投入产出模型来讲，它所强调的是产业的投入产出联系或关联效应。而 CGE 模型则在整个经济约束范围内把各经济部门和产业联系起来，从而超越了投入产出模型。这些约束包括：对于政府预算赤字规模的约束，对于贸易逆差的约束，对于劳动、资本和土地的约束，以及出于环境考虑（如空气和水的质量）的约束等。

CGE 模型也存在一定的局限性，其在分析政策变动对福利影响方面也仅获得了部分成功，因为它假定了政策变化不影响劳动力的非自愿失业和资本的水平、企业间竞争的形式和技术进步率。CGE 模型本身并不能提供有价值的预测工具。CGE 模型需要的数据甚至比投入产出分析要复杂而且难以找到，因为它不仅分析产业或工业，也分析个人、政府决策，这些都是投入产出分析力所不能及的，而且其仍然未摆脱投入产出模型与 CGE 模型分析本身固有的一些缺陷。

虽然具有不足，但 CGE 模型由于其系统性、综合性等特点，以及具有坚实的理论基础和较为完善的求解方法，已经被经济学家和政策分析人员广泛运用于政策模拟及分析中，成为当下越来越主流的研究工具。经常被用来分析税收、公共消费变动、关税和其他外贸政策、技术变动、环境政策、工资调整、探明新的矿产资源储量和开采能力的变动等对国家或地区（国内或跨国的）福利、产业结构、劳动市场、环境状况、收入分配的影响。

CGE 模型以微观经济主体的优化行为为基础，以宏观与微观变量之间的连接关系为纽带，以经济系统整体为分析对象，能够描述多个市场及其行为主体间的相互作用，可以估计政策变化所带来的各种直接和间接影响，这些特点使 CGE 模型在气候政策分析中迅速发展，得到了广泛的应用与认同。CGE 模型被用于分析气候政策的影响，关注的焦点包括减排的经济成本和为实现某一减排目标所必需的碳税水平；碳税收入不同的使用方式对社会经济系统的影响；减排政策对不同阶层收入分配的影响、对就业的影响、对国际贸易的影响等；减排政策对公众健康和常规污染物控制的共生效益；减排政策灵活性对温室气体减排的效果及相应的社会经济成本的影响等。

5.4.2　气候变化综合评估模型（IAM）

气候变化综合评估模型（integrated assessment models, IAMs）是基于建模系统物理特性而进行输入条件假设的计算模型。采纳了相关学科包括被证明合理的尺度转化、非线性简化的无量纲化和参数化方案以及专家模型，可基本上描绘整个系统的关键动力学过程及相互关联的连续图像。IAMs 可提供不同的综合假设条件，又称情景（scenario）下气候变化可能产生的影响，用以支持各种层次上的决策。气候变化 IAMs 要素可分为 4 类：人类活动、大气成分、气候和海平面、生态系统。其中，人类系统通过两种途径与自然系统建立联系。一方面，人类活动（如 CO_2 排放或土地利用）直接影响气候变化；另一方面，人类活动亦受气候变化直接或间接的影响，譬如温度变化可直接影响室内取暖或制冷的需求，也可间接影响海平面、作物产量或生物多样性的变化。

王天鹏等（2020）根据 IAMs 中气候系统与经济系统的连接方式，将现有的综合评估模型分为 3 类。第一类是气候系统与经济系统双向连接的综合评估模型（如 WITCH、MERGE、MMRF、GRACE 等），这些模型既考虑了气候变化导致的温升等气候响应，也考虑了气候变化造成的经济损失。第二类综合评估模型（如 GCAM、IMAGE、REMIND、MESSAGE 等）仅考虑了气候系统与经济系统的单向连接，这类模型虽然考虑了温室气体排放造成的气候响应，但是并未在模型内部将气候响应与气候变化影响进行关联。最后一类模型（如 AIM-Enduse、ENV-Linkages 等）仅仅考虑了温室气体的排放情况，没有再对气候系统做进一步的刻画。第一类双向连接的 IAMs 可以对气候变化影响进行综合评估，其内部的经济模型又可以进一步分为可计算一般均衡（CGE）框架下的经济模型和非可计算一般均衡（nonCGE）框架下的经济模型这两个亚类。与 nonCGE_IAMs 相比，CGE_IAMs 的优点是影响机制清晰、透明，对宏观经济的影响分析更为全面，且考虑了部门间的连锁反应，近年来逐渐得到研究者的重视。虽然 CGE_IAMs 在国外已经有较长的应用历史，但国内较少以此为工具来对气候变化的影响进行经济评估，对相关模型的系统性比较研究也有所欠缺。

IAMs 考虑了信息集成与评估的连贯性，为研究者和决策者提供了一种十分有益的关注环境问题的框架或方法论，但其依然具有一定的局限。例如，张雪芹等（1999）指出，鉴于 IAMs 待建模的系统庞大、复杂而无序，且 IAMs 所涉及的许多领域的科学知识现在尚不完备或者匮乏，如人类、动植物的价值、健康和多样性都难以定量表述。因此，IAMs 在这些方面还无法明确告诉决策者如何采取相应的措施。鉴于此，许多 IAMs 开发者倾向于低调处理 IAMs 结果的可信度，他们认为目前的研究尚不足以构成制定相关政策响应的基础。

虽然其具有局限性，但 IAMs 的优势就在于它能计算不同外部假设条件下以及多个因子同时相互作用时的结果，是将经济系统和气候系统整合在一个框架里的模型。IAMs 主要服务于关注全球气候变化问题的决策者，它为决策者提供了一个独一无二的了解并理解气候变化问题的机遇。尽管 IAMs 无法告知决策者如何处理气候变化，但通过快速估计不同的政策如何影响全球气候，IAMs 能够判断不同的政策取向，并进而帮助决策者确定新的政策。IAMs 的结果影响着政府间有关全球气候变化政策的讨论，而决策者也逐渐向 IAMs 研究团体靠拢，并提出了一些关于气候变化的建设性意见和应对策略，IAMs 已成为气候政策研究的主流工具。

参考文献

[1] OECD. Indicators to measure decoupling of environmental pressure from economic growth [R]. Paris：OECD，2002.

[2] 苑清敏，邱静，秦聪聪. 天津市经济增长与资源和环境的脱钩关系及反弹效应研究[J]. 资源科学，2014，36(5)：954-962.

[3] 苑清敏，何桐. 京津冀经济-资源-环境的脱钩协同关系研究[J]. 统计与决策，2020，36(6)：79-83.

[4] 郭承龙，张智光. 污染物排放量增长与经济增长脱钩状态评价研究[J]. 地域研究与开发，2013，32(3)：94-98.

[5] 马晓君，陈瑞敏，苏衡. 中国工业行业能源消耗的驱动因素与脱钩分析[J]. 统计与信息论坛，2021，36(3)：70-81.

[6] JEVONS W S. The coal question：Can Britain survive？[M]. London：Macmillan，1865：4-22.

[7] 刘济鹏. 基于全要素能源效率的能源消费回弹效应测度——以广东省为例[J]. 东莞理工学院学报, 2019, 26(3):81-86.

[8] 杨晓华, 杨佳丽. 基于技术进步视角的能源回弹效应实证分析:北京市为例[J]. 经济统计学(季刊), 2017(2):100-113.

[9] 徐中民, 程国栋. 中国人口和富裕对环境的影响[J]. 冰川冻土, 2005, 39(5):767-773.

[10] DIETZ THOMAS, ROSA E A. Rethinking the environmental impacts of population, affluence and technology[J]. Human Ecol. Rev. 1994, 1:277-300.

[11] 朱世垚, 宋松柏, 王小军, 等. 基于 LMDI 和 STIRPAT 模型的区域用水影响因素定量分析研究[J/OL]. 水利水电技术, 2020(6):1-17. http://kns. cnki. net/kcms/detail/11. 1757. TV. 20200527. 0900. 004. html.

[12] 黄元, 段梦姣, 杨洁, 等. 中国省域环境伦理行为指数测度及其空间效应研究——基于改进 STIRPAT 模型的实证[J]. 统计与信息论坛, 2021, 36(3):95-106.

[13] 颜伟, 黄亚茹, 张晓莹, 等. 基于 STIRPAT 模型的山东半岛蓝色经济区碳排放预测[J]. 济南大学学报(自然科学版), 2021, 35(2):125-131.

[14] 孙义, 刘文超, 徐晓宇. 基于 STIRPAT 模型的辽宁省碳排放影响因素研究[J]. 环境保护科学, 2020, 46(5):43-46.

[15] 陈喆. 基于 STIRPAT 的中国能源消费碳排放驱动力研究[J]. 煤炭经济研究, 2020, 40(9):29-33.

[16] 高新伟, 朱源. 科研投入抑制碳排放了吗?——基于 LMDI 模型和 STIRPAT 模型的碳排放影响因素分析[J]. 资源与产业, 2020, 22(6):37-45.

[17] ANG B W, ZHANG F Q. A survey of index decomposition analysis in energy and environmental studies[J]. Energy, 2000, 25(12):1149-1176.

[18] 刘影, 段蒙, 赵云杰. 基于 LMDI 法的我国钢铁行业 CO_2 排放影响因素分解研究[J]. 安全与环境工程, 2016, 23(6):7-11, 20.

[19] 门丹, 黄雄. 江西省碳排放影响因素研究——基于 LMDI 分解法[J]. 生态经济, 2019, 35(5):31-35.

[20] 韩钰铃, 刘益平. 基于 LMDI 的江苏省工业碳排放影响因素研究[J]. 环境科学与技术, 2018, 41(12):278-284.

[21] 李芸邑,刘利萍,刘元元. 长江经济带工业污染排放空间分布格局及其影响因素[J/OL]. 环境科学,2021(4):1-13. https://doi.org/10.13227/j.hjkx.202011017.

[22] 方宇衡. 我国煤炭产区碳排放影响因素研究——基于改进的 LMDI 模型[J]. 煤炭经济研究,2020,40(12):40-45.

[23] 刘婧,丁鑫. 我国碳排放强度的 LMDI 因素分解模型研究——基于产业发展视角[J]. 山东工商学院学报,2020,34(6):37-47.

[24] 王红. 基于物质流核算和 LMDI 分解分析方法的中国物质资源消耗研究[J]. 生态经济,2020,36(12):13-20.

[25] 翟永平,吉华. 发展中国家能源需求预测模型[J]. 数量经济技术经济研究,1988(11):65-68,35.

[26] 傅月泉,吴俐. 应用 MEDEE-S 模型对江西中长期能源需求的初步预测[J]. 江西能源,1994(2):7-14.

[27] 王宏伟,刘一晗. 辽宁省公共机构中可再生能源的利用研究[J]. 节能,2020,39(10):92-94.

[28] 王雨,王会肖,杨雅雪,等. 水-能源-粮食纽带关系定量研究方法综述[J]. 南水北调与水利科技(中英文),2020,18(6):42-63.

[29] 何旭波. 补贴政策与排放限制下陕西可再生能源发展预测——基于 MARKAL 模型的情景分析[J]. 暨南学报(哲学社会科学版),2013,35(12):1-8,157.

[30] 余岳峰,胡建一,章树荣,等. 上海能源系统 MARKAL 模型与情景分析[J]. 上海交通大学学报,2008(3):360-364,369.

[31] 佟庆,白泉,刘滨,等. MARKAL 模型在北京中远期能源发展研究中的应用[J]. 中国能源,2004,26(6):37-41.

[32] 谢建国,姜珮珊. 中国进出口贸易隐含能源消耗的测算与分解——基于投入产出模型的分析[J]. 经济学(季刊),2014,13(4):1365-1392.

[33] 袁志刚,饶璨. 全球化与中国生产服务业发展——基于全球投入产出模型的研究[J]. 管理世界,2014(3):10-30.

[34] 杨智峰,陈霜华,汪伟. 中国产业结构变化的动因分析——基于投入产出模型的实证研究[J]. 财经研究,2014,40(9):38-49,61.

［35］韦韬，彭水军．基于多区域投入产出模型的国际贸易隐含能源及碳排放转移研究［J］．资源科学，2017，39（1）：94-104.

［36］梁赛，王亚菲，徐明，等．环境投入产出分析在产业生态学中的应用［J］．生态学报，2016，36（22）：7217-7227.

［37］罗菊英，张仪，刘希文．结合源解析的大气污染相关气象要素特征分析［J］．环境科学与技术，2020，43（5）：65-73.

［38］李林柱，刘金宝，湛江．大气污染物源解析技术模型及应用探讨［J］．环境与发展，2020，32（4）：108-109.

［39］周敏．上海大气 PM$_{2.5}$ 来源解析对比：基于在线数据运用 3 种受体模型［J］．环境科学，2020，41（5）：1997-2005.

［40］常树诚，廖程浩，曾武涛，等．肇庆市一次典型污染天气的污染物来源解析［J］．环境科学，2019，40（10）：4310-4318.

［41］冯银厂．我国大气颗粒物来源解析研究工作的进展［J］．环境保护，2017，45（21）：17-20.

［42］陈东，陈军辉，钱骏，等．资阳市大气污染源排放清单研究［J］．四川环境，2021，40（1）：68-75.

［43］薛志钢，杜谨宏，任岩军，等．我国大气污染源排放清单发展历程和对策建议［J］．环境科学研究，2019，32（10）：1678-1686.

［44］马占云，姜昱聪，任佳雪，等．生活垃圾无害化处理大气污染物排放清单［J］．环境科学，2021，42（3）：1333-1342.

［45］张萌铎，陈卫卫，高超，等．东北地区大气污染物源排放时空特征：基于国内外清单的对比分析［J］．地理科学，2020，40（11）：1940-1948.

［46］张立斌，黄凡，张银菊，等．监利县大气污染源排放清单及特征研究［J］．环境科学与技术，2020，43（9）：182-189.

［47］周扬胜，肖灵，闫静，等．基于大气污染源排放清单的北京市污染物减排分析［J］．环境与可持续发展，2019，44（2）：70-78.

［48］薛文博，武卫玲，许艳玲，等．基于 WRF 模型与气溶胶光学厚度的 PM$_{2.5}$ 近地面浓度卫星反演［J］．环境科学研究，2016，29（12）：1751-1758.

［49］秦思达，王帆，王堃，等．基于 WRF-CMAQ 模型的辽宁中部城市群 PM$_{2.5}$ 化学组分特征

研究[J/OL]. 环境科学研究，2021(4)：1-14. https://doi.org/10.13198/j.issn.1001
-6929.2021.03.09.

[50] 黄蓓，倪广恒. 基于 WRF-LUCY 模型的冬季集中供暖对局地气候的影响[J]. 清华大学学报(自然科学版)，2020，60(2)：162-170.

[51] 申丽霞. 基于 WRF 模型下的太原市一次雾霾过程分析[J]. 山西建筑，2019，45(2)：
183-185.

[52] 许艳玲，薛文博，雷宇，等. 中国氨减排对控制 $PM_{2.5}$ 污染的敏感性研究[J]. 中国环境科学，2017，37(7)：2482-2491.

[53] 薛文博，武卫玲，付飞，等. 中国煤炭消费对 $PM_{2.5}$ 污染的影响研究[J]. 中国环境管理，
2016，8(2)：94-98.

[54] 田军，葛春风，甄瑞卿，等. CMAQ 模型在大气环境影响评价中的应用[J]. 环境影响评价，
2016，38(6)：1-3.

[55] 吴小芳，罗坤，汪明军，等. 多尺度空气质量模型在杭州市的应用和验证[J]. 工程热物理学报，2014，35(5)：919-922.

[56] 王占山，李晓倩，王宗爽，等. 空气质量模型 CMAQ 的国内外研究现状[J]. 环境科学与技术，2013，36(S1)：386-391.

[57] 徐旗，吴其重，李冬青，等. 北京市城六区 2018 年空气质量数值预报效果评估[J]. 气候与环境研究，2020，25(6)：616-624.

[58] 周成，李少洛，孙友敏，等. 基于 CMAQ 空气质量模型研究机动车对济南市空气质量的影响[J]. 环境科学研究，2019，32(12)：2031-2039.

[59] JOHANSEN L. A multi-sectoral study of economic growth [M]. Amsterdam North-Holland，1960.

[60] SCARF H. The approximation of fixed points of a continuous mapping [J]. SIAM Journal on Applied Mathematics，1967，15(5)：1328-1343.

[61] 裘讯，孟丹丹，杜恒波，等. "减税让利"对制造业的影响——基于一般均衡理论的分析[J].
统计与决策，2021，37(1)：161-165.

[62] 李娜，石敏俊，张卓颖，等. 基于多区域 CGE 模型的长江经济带一体化政策效果分析[J]. 中国管理科学，2020，28(12)：67-76.

[63] 肖谦, 陈晖, 张宇宁, 等. 碳税对我国宏观经济及可再生能源发电技术的影响——基于电力部门细分的 CGE 模型[J]. 中国环境科学, 2020, 40(8):3672–3682.

[64] 裘讯, 孟丹丹, 杜恒波, 等. "减税让利"对制造业的影响——基于一般均衡理论的分析[J]. 统计与决策, 2021, 37(1):161–165.

[65] 魏一鸣, 米志付, 张皓. 气候变化综合评估模型研究新进展[J]. 系统工程理论与实践, 2013, 33(8):1905–1915.

[66] 王天鹏, 滕飞. 可计算一般均衡框架下的气候变化经济影响综合评估[J]. 气候变化研究进展, 2020, 16(4):480–490.

[67] 张雪芹, 葛全胜. 气候变化综合评估模型[J]. 地理科学进展, 1999(1):62–69.

[68] 段宏波, 朱磊, 范英. 能源–环境–经济气候变化综合评估模型研究综述[J]. 系统工程学报, 2014, 29(6):852–868.

[69] 沈维萍, 陈迎. 气候行动之负排放技术:经济评估问题与中国应对建议[J]. 中国科技论坛, 2020(11):153–161, 170.

[70] 杨世莉, 董文杰, 丑洁明, 等. 对地球系统模式与综合评估模型双向耦合问题的探讨[J]. 气候变化研究进展, 2019, 15(4):335–342.

第 6 章 深圳市碳排放达峰、空气质量达标、 经济高质量增长协同发展的前期实践

6.1 问题的提出

改革开放以来，中国经济社会发展取得了巨大成就，但快速的工业化和城市化进程也导致了一系列生态环境问题，其中气候变化和大气污染问题尤为突出。一方面，我国是当前全球最大的温室气体排放[①]国家，同时也是受气候变化不利影响最严重的国家之一。2000 年以来由气候变化所导致的直接经济损失呈明显上升趋势，对经济社会发展产生了不可忽视的负面影响；据亚洲开发银行与波茨坦气候研究所预测，未来仅仅海平面上升就可能导致我国每年损失 102 平方公里土地，100 多万人口需要因此迁移。另一方面，我国还面临着十分严峻的大气污染问题。2016 年末京津冀、山东、河南等地区发生了持续时长超过 200 小时的"跨年霾"事件，2017 年因长期暴露于大气环境污染而死亡的人数超过 120 万人（HRI，2019）。大气污染成为影响我国居民身心健康和社会发展的严重问题。

面临气候变化与大气污染的双重压力，严格控制碳排放碳强度、大幅削减主要大气污染物排放已经成为我国解决生态环境问题的关键工作。鉴于碳排放和大气污

[①] 本报告中温室气体指《京都议定书》中规定的 6 种主要类型的温室气体，即二氧化碳（CO_2）、甲烷（CH_4）、氧化亚氮（N_2O）、氢氟碳化合物（HFCs）、全氟碳化合物（PFCs）、六氟化硫（SF_6）；后文中温室气体排放简称碳排放。

染物排放在一定程度上具有同源性、同步性和减排的协同性等特征，近几年我国开始探索碳排放和大气污染物排放的协同治理，《"十三五"控制温室气体排放工作方案》和《打赢蓝天保卫战三年行动计划》均提出实施大气污染物和温室气体排放的协同控制。**还需要注意的是，现阶段我国不仅处于打好污染防治战的攻坚期，还处于经济社会发展的关键转型期。**为实现经济发展与生态环境保护的双赢，党的"十八大"以来我国明确提出将生态文明建设放在突出位置，推动实现人与自然和谐共生的现代化。一方面，建立生态环境保护的"倒逼"机制，以节能环保、污染治理等为抓手驱使经济增长动力转换、产业结构转型升级和供给侧结构性改革；另一方面，加快形成绿色低碳的生产生活方式，从源头上扭转生态环境恶化趋势；从而在高质量发展中实现高水平保护，在高水平保护中促进高质量发展。综上所述，**探究"碳排放与大气污染物排放的协同治理、经济发展与生态环境保护的协同共进"具有重要理论和现实意义，**有助于通过资源信息共享、统筹协调优化、体制机制创新提升我国生态环境治理能力，助力我国经济社会实现绿色转型和可持续发展。

城市和城市群是驱动我国经济社会发展的核心引擎，也是我国碳排放和大气污染物排放的主要来源（Shan 等，2019；中华人民共和国生态环境部，2018），同时，作为污染治理的关键行动单元，城市也是我国打好打赢污染防治攻坚战的主战场。因此，以城市和城市群为切入点，**探索符合我国国情的多污染物协同治理和环境经济协同发展路径具有重要实践价值。**我国各城市和城市群在经济社会发展、资源环境状况、产业与能源结构、技术水平等方面存在明显差异，应对气候变化和大气污染治理行动措施也各有不同。深圳是我国四大一线城市之一，也是粤港澳大湾区四大中心城市之一，在我国制度创新、绿色发展等方面肩负着试验和示范的重要使命。鉴于此，本书后面章节以深圳为案例，探究超大城市如何通过创新协同治理体系、加强大湾区城市区治理合作实现碳排放达峰和空气质量达标的双重目标，以及如何通过产业转型升级、绿色技术创新实现经济发展和生态环境保护的相互促进，希望能为我国其他城市，尤其是超大型城市推动可持续发展提供借鉴经验。

本书后续章节安排如下：本章将对过去 20 年深圳在应对气候变化、大气环境治理、绿色发展战略、产业转型升级、体制机制创新等方面的探索和实践进行系统性回顾和梳理，以总结深圳前期经验、识别当前亟待解决的问题。在此基础上，第 7 章开展城市碳排放与主要大气污染物排放的同根同源分析，以识别城市各部门以及城市与区域之间协同治理的关键领域及可选择技术集合；第 8 章将从多污染物协同治理、环境与经济协同发展的视角出发，基于协同治理与转型升级构建未来发展情景，模拟分析 2030 年深圳生态环境与经济社会发展前景，评估各个重点部门和领域的协同治理效果。最后，第 9 章将讨论深圳市和粤港澳大湾区实施气候变化和大气污染协同治理的技术路径，为深圳和大湾区生态环境质量改善和区域经济绿色发展提供政策建议。

6.2 深圳碳排放和环境空气质量现状

深圳是国家低碳城市试点、碳排放交易试点，也是全国首个 C40 城市气候领导联盟成员城市。深圳长期坚持推动绿色发展、循环发展、低碳发展，在全国率先颁布了《深圳经济特区循环经济促进条例》，城市能源和电力结构持续优化，核电、气电、可再生能源等清洁电源装机在全市总装机中的占比达到 85.4%；率先全面实施绿色建筑标准，绿色建筑面积为 5 320 万平方米，公共机构合同能源管理节能改造面积为 1 136 万平方米，规模均居全国首位；累计推广新能源汽车 7.2 万辆，是全球新能源汽车推广规模最大的城市之一；已建成垃圾焚烧发电厂 6 座，垃圾处理能力和垃圾焚烧发电量居全国大中城市前列；建立了全国首个碳排放交易市场，配额累计成交量 1 807 万吨、累计成交额 5.96 亿元，管控企业的碳排放强度明显下降，成为全国交易最活跃的碳排放交易市场之一。总体上，深圳能源强度、碳排放强度持续下降，2015 年能源强度仅为全国平均水平的一半，碳排放强度位居全国大中城市领先水平。

深圳也是我国环境空气质量最优的千万级人口城市。城市大气污染防治工作起步于 20 世纪 90 年代，其治理的深度和广度随着时间推移不断拓展。1995—2018 年主要大气污染物浓度的逐年变化趋势如图 6-1 所示：

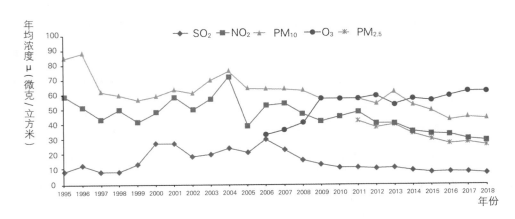

图 6-1　1995—2018 年深圳市大气污染物年均浓度变化

可以看出：二氧化硫年均浓度自 2006 年起逐年下降，2010—2018 年年均浓度一直维持在较低水平，远低于国家一级标准；二氧化氮年均浓度在 1995—2004 年处于较高水平，2005—2018 年污染情况显著好转，总体呈下降趋势；可吸入颗粒物（PM_{10}，空气动力学当量直径小于等于 10 微米的颗粒物）年均浓度在 2004 年达到高峰值，之后总体呈缓慢下降趋势，但个别年份出现反弹；$PM_{2.5}$ 自 2011 年 8 月在全市开展监测，2012—2013 年年均浓度在 $40\mu g/m^3$ 上下浮动，超出国家二级标准，但 2014 年起年均浓度总体呈现下降趋势，2016 年年均浓度下降至 $27\mu g/m^3$；首要污染物格局明显改变，二氧化氮作为首要污染物的频率大幅度下降，细颗粒物和臭氧成为影响城市环境空气质量的重点污染物。总的来说，近年来深圳大气污染治理已经取得了一定成效，二氧化硫、二氧化氮、可吸入颗粒物、细颗粒物等污染物浓度逐年下降，空气质量居全国大中城市前列。

但是，深圳大气复合型污染治理形势依然严峻。为了进一步加强大气污染治理，深圳于 2017 年 2 月发布了《深圳市大气环境质量提升计划（2017—2020

年)》，提出力争在 2020 年 $PM_{2.5}$ 年均浓度达到世界卫生组织第二阶段目标（年均浓度 25μg/m³)。从图 6-1 可以看出：受不利气象因素影响，2017 年深圳 $PM_{2.5}$ 年均浓度较 2016 年出现回升，升高至 28μg/m³，使得空气质量改善面临巨大压力；2018 年深圳大力实施《2018 年"深圳蓝"可持续行动计划》，实现了年度控制目标，$PM_{2.5}$ 年均浓度进一步下降至 26μg/m³。从图 6-2 可以看出：深圳 $PM_{2.5}$ 浓度呈现冬季高、夏季低的明显季节变化特征，受不利气候条件的影响，10 月至次年 3 月之间 $PM_{2.5}$ 浓度较高，导致出现雾霾、灰霾天气的频率也较高；深圳 $PM_{2.5}$ 污染呈现"西高东低""北高南低"的空间特征，宝安、光明、龙华等区域颗粒物污染相对较重，治理难度也更大。总的来说，深圳 $PM_{2.5}$ 污染治理面临着气象条件不稳定、时空差异性大、外部大气环境不确定等问题，2020 年达到世界卫生组织第二阶段目标和实现空气质量长期持续改善仍旧面临着严峻挑战。

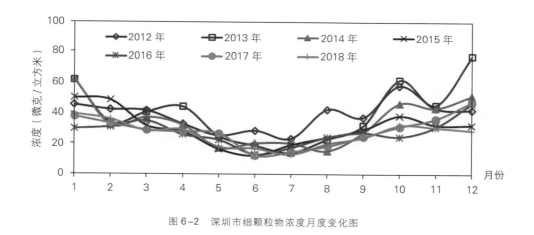

图 6-2　深圳市细颗粒物浓度月度变化图

6.3　转型升级与生态环境质量的关系

深圳是国家可持续发展议程创新示范区，在推动城市低碳转型和绿色可持续发展方面肩负着试验和示范的重要使命。过去十年，深圳坚持转型升级、质量引领、创新驱动、绿色低碳的发展战略，全力推动有质量的稳定增长、可持续的全面发展，在较大地区生产总值的基础上仍然保持经济高质量的快速增长；而且城市万元地区生产总值的能源资源消耗和污染物排放不断下降，空气质量位于全国城市前列，生态环境质量明显改善，"绿色产业"迅猛发展并已为城市营造良好的生态环境提供有力支撑。

6.3.1　转型升级与碳排放减排

如图 6-3 所示，2010—2013 年期间，深圳地区生产总值保持 10% 以上的年增长速度，2014—2016 年年均增速维持在 8% 以上；**战略性新兴产业则呈现更加快速的增长**，年增长速度基本为全市生产总值增长速度的 2 倍以上，构成了深圳经济增长的核心驱动力。在此过程中，**深圳持续促进制造业的转型升级**，一方面推动存量优化，"十二五"期间淘汰、转型低端企业超过 1.7 万家；另一方面推动增量优质，加快发展高端制造、智能制造、服务制造、绿色制造。2018 年深圳是全国唯一工业增加值突破 9 000 亿元的城市，连续两年位居全国大中城市首位；而且先进制造业和高技术制造业增加值分别增长 12.0% 和 13.3%，增速远超于全市规模以上工业的整体水平，占全市规模以上工业增加值的比重分别提升至 72.1% 和 67.3%，可见，先进制造正在成为深圳制造的标签和主导力量。

但与此同时，**深圳万元地区生产总值的能源消耗以及碳排放逐年稳定下降**。万元地区生产总值能耗强度由 2010 年的 0.51 吨标准煤下降至 2017 年的 0.38 吨标准煤，下降幅度达 26.3%；万元地区生产总值碳排放强度由 2010 年的 0.87 吨二氧化碳当量下降至 2015 年的 0.64 吨二氧化碳当量，下降幅度超过 26%。当前深圳万元地区生产总值能耗强度、万元地区生产总值碳排放强度均大幅低于全国平均水平（不足 1/2），不仅超额完成国家和广东省下达的节能减排任务，而且能效和碳效均领先全国其他大中城市。总的来看，深圳通过创新驱动、绿色导向的发展模式转变和产业转型升级，以更少的资源消耗和温室气体排放实现了更有质量、更具竞争力的经济增长。

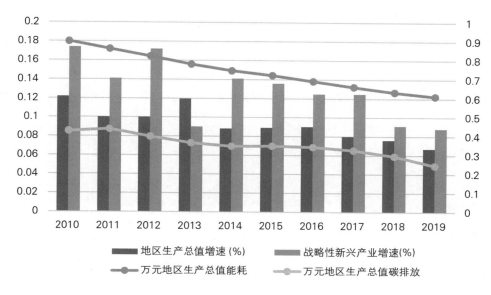

图 6-3　深圳经济发展、能耗强度、碳排放强度变化趋势

（万元地区生产总值能耗以吨标准煤/万元衡量，万元地区生产总值碳排放以吨 CO_2-e/万元衡量）

　　基于 logarithmic mean divisia index（LMDI）模型的分解分析，深圳能源结构优化和产业转型升级显著抑制城市碳排放增长。基于 LMDI 模型对城市经济增长、产业结构转型升级、能源结构优化与碳排放之间的关系进行量化分析，从表 6-1 可以看出：2010—2016 年期间，人均地区生产总值和常住人口数量增长对深圳碳排放增长发挥驱动效应，其中人均地区生产总值增长的驱动力最强，意味着经济规模扩展和经济产出增长是城市碳排放的主导驱动力。能源强度下降和产业结构调整则发挥抑制效应，其中：清洁能源占比升高所导致的能源结构优化对城市碳排放增长抑制效应最强，产业结构转型升级也显著抑制碳排放。

表 6-1　　　　　　　　　2010—2016 年期间深圳碳排放变化的驱动因素分解

城市碳排放	人口变动效应	人均地区生产总值效应	产业结构效应	能源强度效应
驱动因素分解	83.89%	161.62%	-73.28%	-172.22%

再进一步分析，从表6-2可以看出，产业结构效应中贡献最大的是工业转型升级，电力热力、燃气、水的生产和供应业，制造业、采掘业分别贡献了-68.58%、-15.20%、-8.17%。更进一步分析各个细分子行业对产业结构减排效应的影响，从表6-3可以看出通信电子行业和电气机械业，这两个行业也是深圳先进制造业和高技术制造业的主要构成部分，意味着制造业的转型升级和高端化对城市碳排放增长具有显著的抑制效应。

表6-2　　　　　　　　　　2010—2016年期间深圳产业结构效应中各行业的贡献

产业结构效应中	第一产业	采掘业	制造业	电力热力、燃气、水	建筑业	第三产业
各行业贡献	-0.40%	-8.17%	-15.20%	-68.58%	-1.30%	-6.36%

表6-3　　　　　　　　　　2010—2016年期间深圳产业结构效应中各细分子行业的贡献

产业结构效应中各细分子行业的贡献	第一产业	采掘业	通信电子行业	电气机械业	橡胶和塑料制品业	其他制造业	电力热力、燃气、水	建筑业	第三产业
	-0.40%	-8.17%	-15.87%	7.32%	-2.57%	-4.07%	-68.58%	-1.30%	-6.36%

碳排放交易体系管控企业的实证分析显示，深圳气候变化治理对淘汰落后产能、推动产业转型升级发挥了积极促进作用。深圳是我国7个碳排放交易试点城市之一，也是第一个正式启动碳排放交易的试点城市。深圳碳排放交易体系覆盖了城市碳排放总量的40%，实施排放总量和排放强度的双重控制。鉴于城市间接排放占比高、排放源分散等特征，该体系不仅涵盖直接碳排放，还覆盖电力消费所导致的间接碳排放；而且涵盖了深圳所有工业部门，2013年首批纳入管控的企业数量为635家，2016年管控范围进一步扩展，新纳入246家管控企业，是目前覆盖企业数量最多、交易最活跃、减排效果最显著的试点之一。考虑时间序列数据的可得性，本研究以深圳碳排放交易体系首批纳入管控范围的635家企业为样本开展实证分析。

电力企业是深圳节能减排工作的重点，也是碳排放交易体系首先覆盖的管控对象。从表 6-4 和表 6-5 可以看出，**碳排放管控和交易制度的实施对深圳能源结构优化产生了显著的"倒逼"作用，促进了电力供应的清洁化和低碳化**。其一，2013—2017 年电源结构持续优化，煤电发电量在全市发电总量中的占比由 46.3% 下降至 39.1%，而气电则由 53.7% 上升至 60.9%，成为本地电力供应的主导力量。其二，电力部门以及煤电、气电的单位发电量碳排放均显著下降，煤电碳排放强度在国内同类型机组领先水平的基础上进一步下降了 2.6%，气电则大幅下降了 8.9%，在不同类型发电方式碳排放绩效提高和低碳电源占比提升的双重作用下，碳排放交易实施期间深圳电力部门的整体碳排放强度下降了接近 10%。其三，严格的碳排放约束倒逼燃煤电厂进行技术升级和生产调整，2013—2017 年煤电不仅碳排放强度显著下降，年度碳排放总量也下降了 50 万吨左右，最高一年下降了超过 170 万吨。

表 6-4　　　　　　　碳排放交易实施后深圳电力产出结构变化

发电量占比/年	2013 年	2015 年	2017 年
煤电	46.3%	42.4%	39.1%
气电	53.7%	57.6%	60.9%

表 6-5　　　　　　　碳排放交易实施后深圳单位电力生产碳排放强度变化

碳强度（吨/万千瓦时）	2013 年	2017 年	下降率
煤电	8.98	8.75	2.6%
气电	4.74	4.32	8.9%
电力部门	6.70	6.06	9.6%

制造业企业是深圳碳排放交易体系数量最多的管控对象。**碳排放总量控制和配额交易制度的实施推动了制造业的转型升级和绿色发展，在碳排放强度大幅下降的同时实现了增加值的快速增长**。从表 6-6 可以看出：其一，2013—2017 年期间深圳碳排放交易体系管控制造业企业平均碳强度由 0.43 吨 CO_2-e/万元下降至 0.29

吨 CO_2-e/万元,下降幅度达 34.8%,远超于全市制造业平均的碳强度下降速度,2014 年、2015 年、2017 年碳强度下降率甚至超过 10%,表明碳排放总量控制和配额交易制度的实施激励并加快了管控制造业企业的碳绩效提升。其二,碳排放强度下降并未对制造业产出增长造成负面影响,管控制造业企业增加值增幅超过 48%,2015 年之后年均增速维持在 10% 以上,显著高于全市制造业平均的增加值增长速度,表明积极应对气候变化同时推动了深圳制造业更高质量的增长。

表 6-6　　　　　碳排放交易实施后管控制造业企业碳排放强度和增加值变化

	实际碳强度（吨 CO_2-e/万元）	碳强度变化率	增加值变化率
2013 年	0.43		
2014 年	0.38	−10.7%	6.8%
2015 年	0.34	−11.8%	11.0%
2016 年	0.31	−6.3%	11.3%
2017 年	0.29	−11.5%	12.3%
2013—2017 年	0.34	−34.8%	48.1%

碳排放总量控制和配额交易制度的实施促进淘汰落后低端产能,助力制造业转型升级。从表 6-7 可以看出:2013—2017 年期间,在碳排放交易体系覆盖的制造业行业中,碳排放强度最低的 5 个子行业（计算机通信及电子设备制造业、医药制造业、机械设备制造业等）增加值占比规模稳步提升,由 2013 年的 88.8% 提升至 2017 年的 92.1%,在制造业总产出中占据绝对主导地位;但是,碳排放强度最高的 5 个子行业（金属表面处理和电镀业、线路板、橡胶和塑料制品业等）增加值占比则呈显著下降趋势,由 2013 年的 5.6% 降低至 2017 年的 2.7%;这表明实施碳排放管控后,附加值更高、碳绩效更好的制造业子行业在深圳发展更加迅速。此外,碳排放管控和更严格的环境标准加快了落后、低端产能的淘汰或升级。2013—2017 年期间管控制造业企业中有 20 余家低附加值、高能耗、高污染企业关停或转产。

表 6-7　　　　　　　　碳排放交易实施后管控制造业子行业碳排放和增加值占比变化

制造业子行业	2013 年		2015 年		2017 年	
	碳排放占比	增加值占比	碳排放占比	增加值占比	碳排放占比	增加值占比
碳强度最低的 5 个子行业	60.3%	88.8%	63.6%	91.3%	61.7%	92.1%
碳强度最高的 5 个子行业	21.7%	5.6%	19.4%	3.8%	17.3%	2.7%

　　更进一步进行分析，更加严格的碳排放管控还促进了行业内部的转型升级和高端化发展。以金属加工及机械设备制造相关行业为例，从表 6-8 可以看出：2013—2017 年期间，附加值最高、技术水平最先进的机械制造业增加值占比稳步提升，由 94.2% 增长至 96.4%，在相关产业链的经济总产出中占据主导地位并发挥核心增长驱动力；同时该子行业碳排放强度持续快速下降，由 2013 年的 0.81 吨 CO_2-e/万元降低至 2017 年的 0.61 吨 CO_2-e/万元，并因之带动相关行业总体碳排放强度下降超过 25%，促进产业链的绿色低碳发展。

表 6-8　　　　　　　　金属加工及机械设备制造相关行业结构变化

（碳排放强度：吨 CO_2-e/万元）

金属加工及机械设备制造相关行业	2013 年			2015 年			2017 年		
	碳排放占比	增加值占比	碳排放强度	碳排放占比	增加值占比	碳排放强度	碳排放占比	增加值占比	碳排放强度
金属表面处理和电镀行业	2.8%	0.7%	3.45	2.7%	0.6%	3.55	2.4%	0.4%	3.58
金属制品业	10.5%	5.1%	1.81	8.8%	4.7%	1.38	8.0%	3.2%	1.66
机械制造业	86.7%	94.2%	0.81	88.5%	94.8%	0.69	89.6%	96.4%	0.61
合计			0.88			0.73			0.66

再以计算机、通信、网络信息及电子设备相关行业为例，从表 6-9 可以看出：2013—2017 年期间，附加值最高、技术最先进的行业内龙头企业增加值占比由 68.5% 增长至 80.5%，增长幅度和速度均远远超于相关行业平均水平；由于其巨大的规模和领先的技术，这些龙头企业在产业链的发展中发挥核心引领作用，带领整个产业链不断向高端发展。

表 6-9　　　　　　　　　计算机、通信、网络信息及电子设备相关行业结构变化

（碳排放强度单位：吨 CO_2-e/万元）

计算机、通信、网络信息及电子设备相关行业	2013 年			2015 年			2017 年		
	碳排放占比	增加值占比	碳排放强度	碳排放占比	增加值占比	碳排放强度	碳排放占比	增加值占比	碳排放强度
线路板	17.3%	1.8%	2.69	16.9%	1.6%	2.29	16.1%	1.3%	2.23
计算机、通信及电子设备	55.3%	26.8%	0.58	54.5%	21.2%	0.57	46.8%	14.4%	0.57
平板、集成电路及半导体	20.1%	2.8%	2.03	19.3%	2.4%	1.80	28.8%	3.8%	1.41
龙头企业	7.3%	68.5%	0.03	9.3%	74.9%	0.03	8.3%	80.5%	0.02
合计			0.28			0.22			0.18

6.3.2　转型升级与空气质量改善

深圳是我国地区生产总值排名前 20 城市中空气质量排名第一的城市，在保持经济快速发展的同时空气质量稳步提升。从图 6-4 可以看出，1990—2004 年期间，深圳大气污染严重且呈现恶化趋势，2004 年年灰霾天数甚至达到 187 天，即全年半数以上时间均出现比较严重的灰霾污染。但之后，随着能源结构优化、产业转型升级和日益增强的大气环境治理，深圳空气质量逐年改善。一方面，灰霾污染大幅下降，2017 年全年灰霾天数已降低至 22 天；另一方面，$PM_{2.5}$ 年均浓度持续下降，

打造出了靓丽的城市蓝天名片。2018 年，深圳全市空气优良天数为 345 天，$PM_{2.5}$ 年均浓度下降至 $26\mu g/m^3$，达到了近 15 年以来的最佳水平。

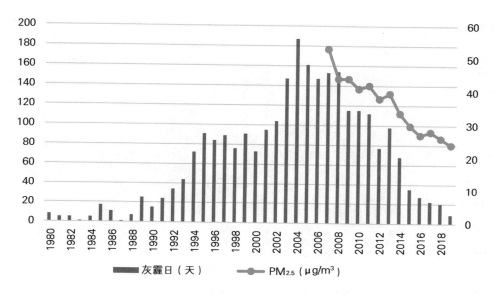

图 6-4　深圳年灰霾天数和 $PM_{2.5}$ 年均浓度变化趋势

　　深圳经济结构战略性调整和转型升级所取得的重大突破促进了城市空气质量改善。图 6-5 显示，2015 年深圳 $PM_{2.5}$ 年均浓度在我国人均地区生产总值超过 10 万元的城市中处于低位水平，远低于上海和广州；图 6-6 进一步指出，随着人均地区生产总值的增加，深圳灰霾污染情况呈现先上升、后下降的倒 U 形变化趋势；总体上，这意味着随着经济发展水平的提高，产业结构的全面优化升级有助于从源头上减少大气污染物排放、改善空气质量。以"十二五"为例，2010—2015 年期间，深圳第二、三产业结构由 46.2∶53.7 调整优化为 41.2∶58.8，淘汰、转型低端企业 1.7 万余家，产业迈向中高端。战略性新兴产业成为经济增长的主导力量，增加值年均增速 17.4%，贡献了全市 50% 左右的地区生产总值增长。先进制造业在规模以上工业增加值中的占比由 70.8% 提高至 76.1%，绿色制造产业发展十分

迅猛。上述产业结构调整和升级对城市空气质量改善做出了巨大贡献，在工业领域
的大气污染物削减中作用尤其显著。

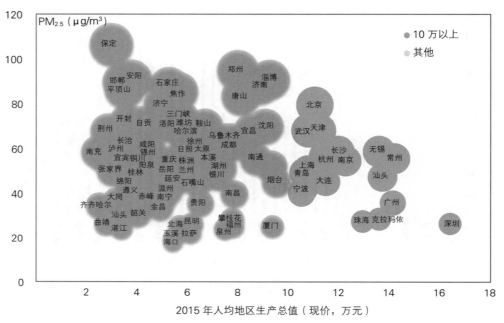

图 6-5 2015 年主要城市人均地区生产总值与 PM$_{2.5}$ 年均浓度关系
（气泡大小代表 PM$_{2.5}$ 浓度数值）

深圳实施的大气环境治理政策和措施对产业转型升级具有"倒逼"和促进作
用。为了加强大气污染治理，深圳先后发布了《深圳市大气环境质量提升计划
（2017—2020 年）》《2018 年"深圳蓝"可持续行动计划》《深圳市打好污染防治
攻坚战三年行动方案（2018—2020 年）》等政策文件，并且提出了城市空气质量改
善的明确目标和一系列具体防治措施，这些政策和措施的实施对污染排放行业和企
业的生产及投资行为产生了显著影响。以"十二五"为例，一系列大气污染治理
措施的实施促进了电厂升级改造、黄标车淘汰、工业高污染锅炉清洁改造等，不仅
大幅度消减了各类主要大气污染物的排放量，还"倒逼"企业技术设备改造和产业
转型升级。

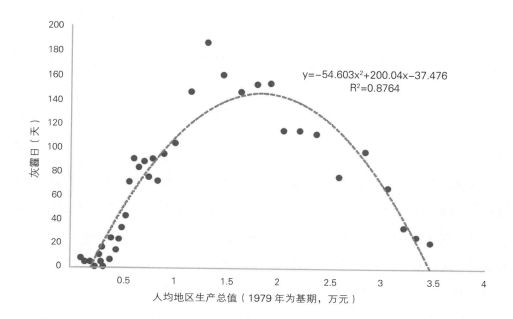

$$y=-54.603x^2+200.04x-37.476$$
$$R^2=0.8764$$

图 6-6　深圳人均地区生产总值与年灰霾天数之间的关系

6.4　小结

过去十年，深圳坚持转型升级、绿色低碳的发展战略，在经济高质量快速增长的同时实现了碳排放强度和大气污染物排放总量的稳步下降，空气质量位居全国城市前列，生态环境质量明显改善。

一方面，深圳的绿色能源战略和产业转型升级促进了城市碳排放和大气污染物排放减排；另一方面，城市积极应对气候变化和日益增强的环境管制也形成了"倒逼"机制，反作用于城市能源结构优化、产业转型升级和生产生活方式转变。以绿色发展为导向，深圳在碳排放强度大幅下降和空气质量显著改善的同时，实现了更有质量、更具竞争力的经济增长，初步探索出了一条经济社会和生态环境协同共进的可持续发展道路。

第 7 章 深圳市气候变化和大气
污染协同治理的关键领域识别

碳排放和大气污染物排放在很大程度上来自共同的排放源，即二者具有同根同源性。前期研究发现，以削减碳排放为目标的措施常常也能够降低大气污染物的排放，而以削减大气污染物排放为目标的措施也同时促进了碳排放减排，二者的排放控制具有协同效应，而且利用这种效应有助于以更低的成本实现双重减排目标。在积极应对全球气候变化和区域大气污染"联防联控"的政策背景下，"十三五"期间我国明确提出要"加强碳排放和大气污染物排放的协同治理，实施多污染物协同控制，提高治理措施的针对性和有效性"。城市作为我国生态环境治理的前沿阵地，应当在探索碳排放与大气污染物排放协同治理的路径中先试先行。但是，当前城市碳排放和大气污染物排放在清单编制、排放源识别、部门划分、核算方法等方面存在显著差异，导致很难对碳排放和大气污染物排放的同根同源性进行定量分析，也难以进一步对各项减排措施的协同进行量化评估。

针对这一问题，本研究以深圳为例，对 2015 年城市碳排放与主要大气污染物排放的同根同源性进行定量分析，一方面识别出两类排放共同的主要来源，从而确定协同减排的关键领域；另一方面，为后续评估不同类型减排措施的协同效应提供支撑。

7.1 排放清单的边界界定

为了进行同根同源的量化分析，首先对深圳城市碳排放清单和主要大气污染物一次排放清单的边界、排放源和部门划分进行统一界定。

如图 7-1 所示，根据国家、省级和城镇温室气体排放清单编制指南，深圳碳排放清单的编制范围覆盖范畴 1 和范畴 2 排放，即本地源的直接碳排放和电力调入调出的间接碳排放；涵盖 CO_2、CH_4、NO_2、HFCs、PFCs、SF_6 6 种主要的温室气体，并根据全球增温潜势将它们统一转化为 CO_2 当量。但是，深圳农业排放源极少、排放占比也极低。根据当地特征识别本地排放源，深圳碳排放清单包含化石能源燃烧、工业过程、林业及林业变化、土地利用及土地利用变化、废弃物处置 5 大类排放源。需要注意的是，全球气候变化由全球碳排放总量和全球二氧化碳平均浓度决定，而单个城市的碳排放在其中影响极低。因此，在谈论城市碳排放的时候，我们绝大多数仅仅关注排放源和一次排放本身，几乎不涉及城市排放对二氧化碳浓度和全球气候变化的影响。

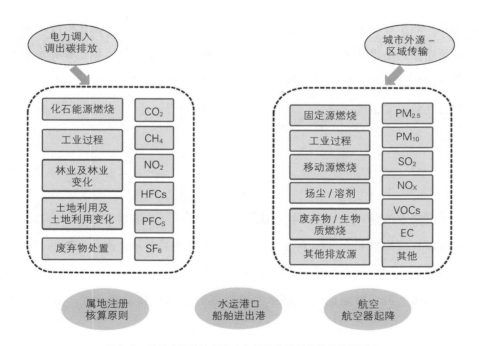

图 7-1　深圳碳排放清单和大气污染物排放清单的边界界定

但是，与碳排放及其影响不同，大气污染物排放及由此导致的大气污染具有很强的区域性。因此，城市大气污染来源分析不仅关注污染物的一次排放，还关注一次污染物在大气环境中反应生成的二次污染物，以及一次、二次污染物和区域传输污染物对城市空气质量的联合影响。如图 7-1 所示，如果研究边界包含区域传输，通常采用考虑二次生成污染物的源解析方法，定量评估本地源、外源传出对城市空气污染物浓度的贡献。如果仅研究城市本地源的一次排放，则根据国家大气细颗粒物一次源排放、大气可吸入颗粒物一次源排放、大气挥发性有机物源排放等清单编制技术指南，编制城市主要大气污染物的一次排放清单。根据当地排放特征，深圳本地的大气污染物排放源主要包括固定源燃烧、工业过程、移动源燃烧、扬尘、溶剂使用、废弃物焚烧、生物质燃烧等类型，主要排放的大气污染物有 SO_2、NO_X、VOCs、PM_{10}、$PM_{2.5}$、EC 等。

此外，无论是碳排放清单还是大气污染物一次排放清单，本研究均采用统一的核算边界。对于移动源中的水路交通和航空交通，不考虑排放单位和设施的注册地，按照船舶进出港和航空器起降的实际次数核算排放量，计入城市碳排放和大气污染物一次排放。对于其他排放源，均依据属地注册原则进行核算，即核算注册地在深圳的企业或实施的排放量。

7.2 排放部门的统一划分

由于碳排放清单和大气污染物一次源排放清单编制技术指南的差异，以及不同类型排放源在碳排放和大气污染物一次排放中重要性的差异，当前深圳两类排放清单在部门划分方面也存在明显不同。本研究重点关注 $PM_{2.5}$ 污染问题，下面以 $PM_{2.5}$ 一次排放清单为例，对深圳两类清单的部门划分进行比较分析和统一调整，如图 7-2所示。

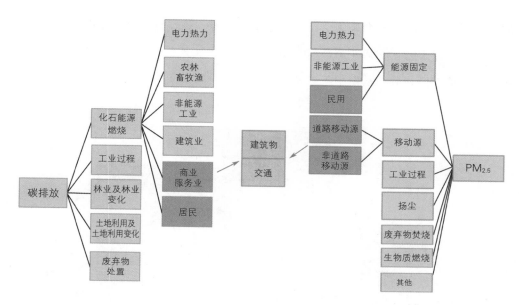

图 7-2　深圳碳排放清单和 PM$_{2.5}$ 一次排放清单的部门划分

　　根据当地排放特征，深圳碳排放清单首先被划分为化石能源燃烧、工业过程、林业及林业变化、土地利用及土地利用变化、废弃物处置 5 大类排放源，鉴于化石能源燃烧是最主要的碳排放源，其又进一步被划分为电力热力、农林畜牧渔、非能源工业、建筑业、商业服务业、居民 6 个部门。PM$_{2.5}$ 的一次排放清单则首先被划分为能源固定、移动源、工业过程、扬尘、废弃物焚烧等排放源，鉴于能源固定和移动源是 PM$_{2.5}$ 最主要的一次排放源，其又被进一步细分为电力热力、非能源工业、民用、道路移动源、非道路移动源等部门。可以看出，当前两类清单在部门划分方面存在明显差异，不利于后续的同根同源和协同减排分析。

　　尤其是碳排放清单编制依托于国民经济统计体系的部门划分，单独核算商业服务业、居民化石能源燃烧所导致的碳排放；PM$_{2.5}$ 一次排放清单则首先区分固定源、移动源的化石能源燃烧，单独核算居民、道路移动源、非道路移动源的排放。但本质上，上述部门的排放均来自建筑物和交通能源活动。因此，在上述领域，本研究统一采用建筑物、交通的部门划分方式。在上述分析基础上，可以进一步将 PM$_{2.5}$

的能源固定源、移动源合并为化石能源燃烧排放源，该类排放源下辖电力热力、非
能源工业、建筑物、交通 4 个部门。图 7-3 给出了调整后的碳排放清单和 PM$_{2.5}$ 一
次排放清单部门划分，从图中可以看出：

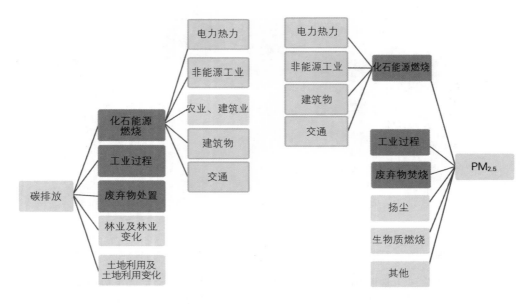

图 7-3　调整后的深圳碳排放清单和 PM$_{2.5}$ 一次排放清单部门划分

第一，化石能源燃烧、工业过程、废弃物处置（废弃物焚烧）是深圳碳排放
和大气污染物排放共同的排放源。

第二，化石能源燃烧碳排放来自电力热力、非能源工业、农业、建筑业、建筑
物和交通 5 大部门，化石能源燃烧产生的大气污染物排放来自电力热力、非能源工
业、建筑物和交通 4 大部门。其中，电力热力、非能源工业、建筑物和交通是深圳
能源相关碳排放和大气污染物排放共同的排放部门。

经过对城市碳排放清单和 PM$_{2.5}$ 一次排放清单部门划分的调整和统一，能够为
后续开展两类排放的同根同源分析和制定分部门的减排策略奠定基础。

7.3 碳排放与PM$_{2.5}$相关污染物排放的同根同源性

基于 2015 年数据,对深圳市碳排放与 PM$_{2.5}$ 相关污染物排放的部门分布和同根同源性进行定量分析,识别出二者协同减排的关键领域。

7.3.1 碳排放分布

图 7-4 给出了 2015 年深圳市碳排放结构,包含直接和电力间接排放。深圳是电力净调入城市,而且外调电在城市电力总消费中占据相当大的比例,因此电力调入调出贡献了城市碳排放总量的 35.4%。化石能源燃烧(以下简称化石能源)碳排放占比最大,在城市碳排放总量中占 60.3%,是城市最大的碳排放部门。由于电力调入调出隐含碳排放不由当地的减排行动决定,因此进一步重点分析深圳本地排放源所产生的直接排放。可以看出,在深圳本地直接碳排放中,化石能源是最大的排放部门,占比高达 93.3%;其次是废弃物处置,在本地直接碳排放中占比 7.7%;然后是工业过程,但其排放占比仅 0.4%。林业为净的碳汇,吸收了城市直接碳排放的 1.5%。总的来说,化石能源、废弃物处置、工业过程是深圳本地直接碳排放最主要的来源。

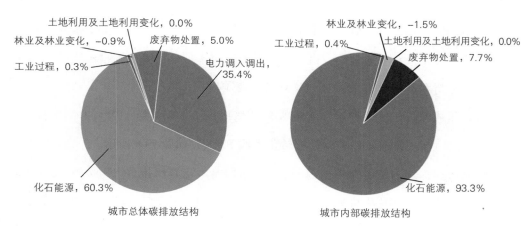

城市总体碳排放结构　　　　城市内部碳排放结构

图 7-4　2015 年深圳碳排放结构

更进一步分析，2015 年深圳交通部门已经超过电力热力部门，成为深圳直接碳排放量最大的部门，贡献了全市直接碳排放的 64.1%；电力热力部门则是深圳直接碳排放第二大的部门，占比 18.9%。鉴于交通已经成为深圳当地直接碳排放最大的部门，进一步分析交通部门内部的碳排放细分结构；如图 7-5 所示，道路交通是该部门碳排放最主要的来源，贡献了部门碳排放总量的 79.7%。

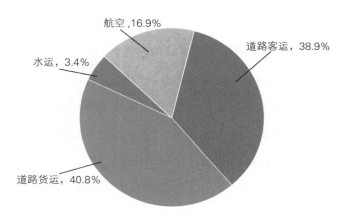

图 7-5　2015 年深圳交通部门碳排放结构

7.3.2　PM$_{2.5}$源解析

根据深圳市环境科学研究院前期开展的源解析研究，深圳 PM$_{2.5}$污染 52% 来自区域传输、48% 来自本地排放。由于外部排放不由本地的污染防治措施决定，因此下文重点分析深圳本地排放源对 PM$_{2.5}$污染的影响。

本地排放源可通过两种途径影响大气环境中的 PM$_{2.5}$浓度：PM$_{2.5}$的一次排放、SO$_2$、NO$_x$、VOCs 等前体污染物排放转化生成 PM$_{2.5}$，如图 7-6 所示。

综合考虑深圳当地各类排放源一次排放的 PM$_{2.5}$及其所排放 SO$_2$、NO$_x$、VOCs 等前体污染物二次转化生成的 PM$_{2.5}$，可以得出：（1）机动车是深圳 PM$_{2.5}$污染最大的本地来源，在本地污染贡献中占比 41%；（2）工业尤其是制造业的 VOCs 排

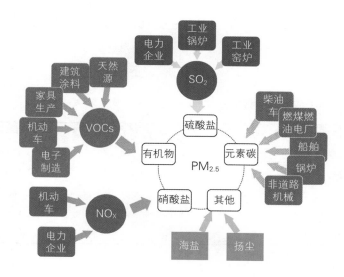

图 7-6   前体污染物转化生成 $PM_{2.5}$ 示意图

放是本地第二大排放源，占比约 15%；（3）其次是扬尘和船舶，分别贡献了 12% 和 11%。由于深圳当地电力以气电为主且实施严格的大气污染物排放标准，因此电力热力生产所导致的 $PM_{2.5}$ 相关污染物排放相对较少，在本地污染源的贡献仅占比 8%。与图 7-3 调整后的部门划分相对应，道路交通、非道路交通、非能源工业、扬尘、电力热力是深圳 $PM_{2.5}$ 污染最大的本地来源，在本地污染贡献中的占比接近 87%。

7.3.3   两类排放的同根同源性

根据前面两个小节的分析：对于城市本地的碳排放，其主要排放部门为道路交通、电力热力、非道路交通、废弃物处置、非能源工业和建筑物；对于城市大气环境中 $PM_{2.5}$ 的本地源，其主要排放部门为道路交通、非能源工业、扬尘、非道路交通、电力热力部门。

综合来看，道路交通、非道路交通、电力热力和非能源工业部门是深圳市市内碳排放和 $PM_{2.5}$ 相关污染物排放共同的主要来源。如表 7-1 所示，这 4 个部门合计贡献了市内碳排放总量的 87.6% 、 $PM_{2.5}$ 污染的 75.0%，是碳排放和大气污染物协同减排的关键领域。

表 7-1 深圳市市内碳排放和 $PM_{2.5}$ 相关污染物排放的主要来源

排放部门	碳排放占比	$PM_{2.5}$ 贡献
道路交通	51.8%	41.0%
非道路交通	13.2%	11.0%
电力热力	19.1%	8.0%
非能源工业	3.4%	15.0%
合计	87.5%	75.0%

7.4 重点部门排放特征和同根同源分析

根据对城市碳排放和大气污染物排放的分析，交通、电力热力、非能源工业部门是深圳碳排放和主要大气污染物排放最主要的来源。由于气候原因，深圳不存在冬季供热供暖，电力热力部门实际以电力为主。结合深圳当前的经济发展和产业结构，非能源工业以制造业为主。此外，虽然建筑物直接产生的碳排放和大气污染物排放数量均比较低，但建筑物是深圳电力消费增长最主要的来源之一。建筑物用电量的增加可能驱动电力生产相关碳排放和大气污染物排放，因此也是减排重点。综上，电力、制造业、交通、建筑物 4 个部门是深圳碳排放和大气污染物排放减排的重点领域。下面对各部门发展现状和排放特征进行简要分析。

7.4.1 电力部门

1. 电力部门发展和排放现状

深圳能源消费总量和全社会用电量均呈现快速增长，但能源消费结构持续优化。2010—2019 年期间，全市能源消费总量由 2 929 万吨标准煤增长至 4 534 万吨标准煤，年均增长 4.97%；2010—2019 年期间全社会用电量由 664 亿千瓦时增长到 972.98 亿千瓦时，年均增长 4.34%；最高用电负荷由 1 250 万千瓦增加到 2 038.2万千瓦，年均增长 5.58%。与此同时，深圳市清洁能源供应能力大幅提升，能源消费结构不断优化，具体包括：

其一，大力引进利用天然气、外来电力等清洁能源，全面完成市内原有燃油发电机的"油改气"工程，关停燃油小火电机组累计约 176 万千瓦。

其二，如图 7-7 所示，一次能源消费结构中煤炭占比从 2010 年的 12.50% 下降至 2015 年的 6.40%，石油占比从 32.40% 下降至 31.70%，天然气占比从 10.20% 上升至 12.70%，其他能源占比从 45.00% 上升至 49.20%，清洁能源比重提高了 6.7 个百分点，一次能源消费结构不断优化。

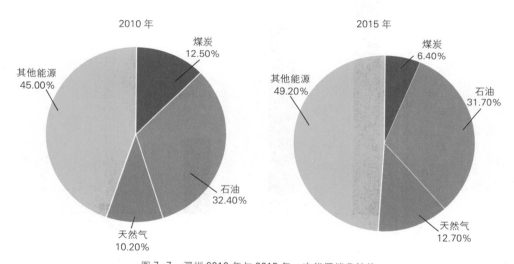

图 7-7　深圳 2010 年与 2015 年一次能源消费结构

深圳清洁电源的装机容量和发电量占比大幅提升，电力生产和供应更加低碳化。如图 7-8 所示，2015 年年底深圳市内电源总装机容量达到 1 306 万千瓦，其中核电 612 万千瓦，占 46.9%；气电 480 万千瓦，占 36.8%；煤电 191 万千瓦，占 14.6%；其他新能源发电装机 23 万千瓦，占 1.8%。在可再生能源发电装机结构中，2015 年已建成垃圾焚烧发电厂 6 座，发电总装机容量达到 14.5 万千瓦，垃圾焚烧发电量居全国大中城市首位；已累计建成太阳能光伏发电装机容量 7.0 万千瓦，累计建成太阳能热水建筑应用面积超过 2 100 万平方米。综上，截至 2015 年年底，核电、气电、太阳能光伏发电等清洁电源装机容量在深圳总装机容量中的占比已达到 85.4%，清洁电源供电量占全市用电量的比例大幅提升至 90.5%，煤电供电量比例下降至 9.5%。

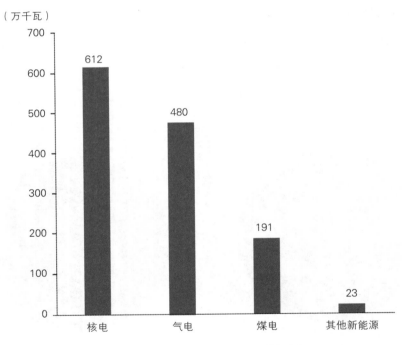

图 7-8   2015 年年底深圳市内电源装机容量

2. 电力碳排放和大气污染物排放

深圳电力部门的碳排放包含直接排放和外调电间接排放，由于大力实施"油改气"工程和引进天然气、外来电力等清洁能源，呈现"结构低碳、煤降气增、间接为主"的特征。如图 7-9 所示，2015 年深圳电力碳排放总量约为 4 781 万吨，其中：（1）南方电网调入电力的间接碳排放量为 3 560 万吨，占比 74.46%，而且由于南方电网电力供应主要以核电、水电等清洁能源为主，因此电力更为清洁/单位电力的碳排放系数较低；（2）燃煤电厂碳排放量为 707 万吨，占比 14.79%；（3）燃气电厂碳排放量为 449 万吨，占比 9.39%；（4）其他包括垃圾发电和可再生能源发电，但由于可再生能源发电不产生碳排放，该处主要指垃圾发电产生的碳排放量，约 65 万吨，占比 1.36%。进一步具体分析深圳市内电力生产所产生的直接碳排放，如图 7-10 所示：燃煤、燃气、垃圾发电碳排放的占比分别为 57.90%、36.75% 和 5.35%。

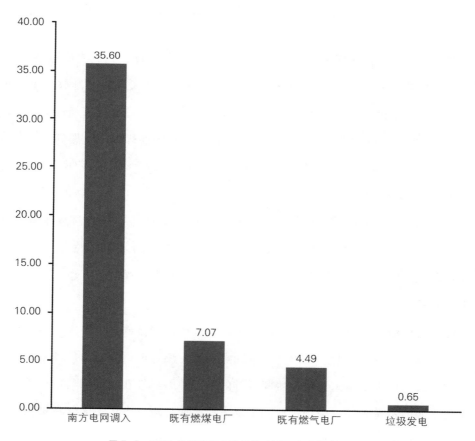

图 7-9　2015 年深圳电力碳排放（百万吨 CO_2 当量）

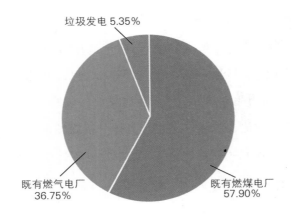

图 7-10　2015 年深圳电力直接碳排放的结构

鉴于在空气质量达标中本项目重点关注 $PM_{2.5}$ 年均浓度，因此主要讨论 $PM_{2.5}$ 及其相关大气污染物的排放，包括 SO_2、NO_x、VOCs、$PM_{2.5}$、PM_{10} 排放。由于外调电力的大气污染物产生并不发生在深圳市内，本报告中电力部门大气污染物排放不包含自南方电网调电的影响，主要排放源为深圳本地的燃煤电厂、燃气电厂和垃圾发电厂。从产生的大气污染物种类来看，燃煤电厂排放 $PM_{2.5}$、CO、CH_4、NO_x、NO、PM_{10} 等多种大气污染物，燃气电厂主要排放 NO_x、CO，垃圾发电厂则产生较多的 VOCs、SO_2、NO_x 等污染物。从颗粒物及其主要前体物一次排放来看，如图 7-11 所示，电力部门中，$PM_{2.5}$ 和 PM_{10} 一次排放最主要的来源是燃煤电厂，VOCs 和 SO_2 排放的主要来源是垃圾发电厂，而 NO_x 排放则由燃煤电厂、燃气电厂和垃圾发电厂共同产生。

综合考虑深圳本地电力生产情况，可以发现电力碳排放和主要大气污染物排放的来源既有共同点又有明显差异性。共同点在于，燃煤电厂是碳排放和主要大气污染物排放共同的重要来源，也是协同减排的重点；差异性在于，燃气电厂是碳排放的主要来源但不是大气污染物排放的主要来源，而垃圾发电厂是大气污染物排放的主要来源，碳排放占比却很低。

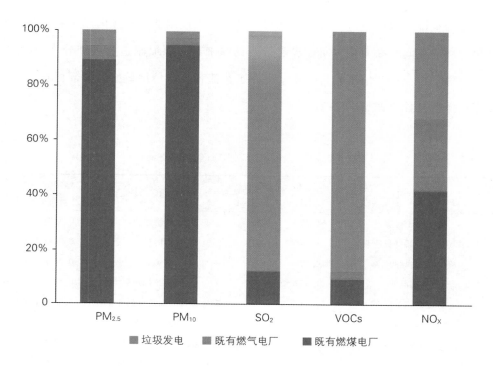

图 7-11 2015 年深圳电力部门颗粒物及其主要前体污染物排放来源

7.4.2 制造业

（1）制造业发展和排放现状

深圳较早就着手推动制造业的转型升级，先进制造业和高技术制造业发展迅猛，大批创新型企业不断涌现，推动深圳制造不断迈向高端。根据《深圳市统计年鉴》数据，2015 年深圳工业增加值为 7 214 亿元，制造业增加值为 6 853 亿元，在工业增加值中占比达到 95% 左右；工业百强企业（主要为制造业企业）的龙头带动作用明显，拉动全市工业增长 6.7 个百分点；一批本土高科技制造企业迅速成长，以通信设备、计算机及其他电子设备制造业（以下统称"通信电子行业"）为首的先进制造业在全市制造业中占据主导地位，增加值占全市制造业增加值总量的 60% 以上。

总的来说，深圳制造业转型升级成果显著，先进制造的产业内涵不断丰富，推动深圳制造业向着高端化方向稳步前行。具体来看，深圳制造业可细分为 30 个子行业，各子行业在产值规模、技术水平、工艺流程、环境绩效、节能环保意识等方面存在显著差异，详见表 7-2。

表 7-2　　　　　　　　　2015 年深圳市制造业子行业增加值与碳排放占比

制造业子行业	增加值占比	碳排放占比	制造业子行业	增加值占比	碳排放占比
通信电子行业	61.72%	41.55%	家具制造业	0.53%	0.80%
电气机械及器材制造业	8.24%	11.41%	酒、饮料和精制茶制造业	0.58%	0.78%
橡胶和塑料制品业	2.69%	9.71%	纺织业	0.26%	0.71%
金属制品业	1.95%	5.07%	农副食品加工业	0.88%	0.68%
非金属矿物制品业	1.11%	4.63%	有色金属冶炼及压延加工业	1.61%	0.64%
专用设备制造业	2.86%	4.60%	食品制造业	0.23%	0.59%
交通运输设备制造业	2.84%	3.70%	皮革、毛皮、羽毛及其制品和制鞋业	0.53%	0.55%
通用设备制造业	2.66%	2.77%	黑色金属冶炼及压延加工业	0.13%	0.44%
文教、工美、体育和娱乐用品制造业	4.66%	2.38%	其他制造业	0.29%	0.42%
印刷和记录媒介复制业	0.76%	1.95%	木材加工及木、竹、藤、棕、草制品业	0.05%	0.12%
化学原料及化学制品制造业	1.00%	1.60%	化学纤维制造业	0.02%	0.11%
仪器仪表制造业	1.40%	1.58%	烟草制品业	0.26%	0.07%
纺织服装、服饰业	1.00%	1.27%	金属制品、机械和设备修理业	0.05%	0.06%
造纸及纸制品业	0.58%	0.98%	石油加工、炼焦及核燃料加工业	0.25%	0.01%
医药制造业	0.85%	0.81%	废弃资源综合利用业	0.01%	0.01%

（2）制造业碳排放和大气污染物排放

深圳制造业碳排放（包含直接排放和电力间接排放）呈现相对低碳、排放集中、间接为主的特征。根据《深圳市统计年鉴》进行估算，2015 年深圳制造业直接和电力间接碳排放量约为 2 165 万吨 CO_2 当量，碳排放的分布呈现以下几点特征：（1）传统高耗能行业，如黑色金属冶炼及压延加工业和化学原料及化学制品制造业等，其碳排放在全市制造业碳排放中的占比相对较低；（2）通信电子行业、电气机械及器材制造业（以下简称"电气机械业"）、橡胶和塑料制品业的碳排放在全市制造业碳排放中的占比相对较大，三者碳排放合计占比超过 60%；（3）电力间接排放占制造业总排放的 95% 以上，通信电子行业、电气机械业、专用设备制造业等间接排放在行业总排放中的占比超过 97%。

深圳制造业主要产生的大气污染物包括 SO_2、NO_X、VOCs、CO、$PM_{2.5}$、PM_{10}等，详见表 7-3。从排放源类别来看，深圳制造业大气污染物排放主要来源于化石燃料固定燃烧源和工艺过程源。化石燃料固定燃烧源排放较多的 NO_X 和 CO，分别为 226.8 吨和 128.6 吨；其中计算机、通信和其他电子设备制造业分别贡献了 NO_X和 CO 排放的 16.6% 和 17.0%，橡胶和塑料制品业分别贡献了 12.8% 和 13.1%，这两个行业产生了相对较多的化石能源相关大气污染物排放。工艺过程源排放了大量的 VOCs，而且排放规模远远高于其他大气污染物，高达 6 510.9 吨；其中化工及化学制品业、橡胶和塑料制品业分别贡献了 VOCs 排放的 48.2% 和 29.5%。从大气污染物种类来看，VOCs、NO_X 和 CO 是制造业排放规模最大的大气污染物，其次是 SO_2，但 $PM_{2.5}$ 和 PM_{10} 的一次排放量并不大。

表 7-3 　　　　　　　　　　2015 年深圳市制造业大气污染物排放　　　　　　　　　单位：吨

	SO_2	NO_X	VOCs	CO	PM_{10}	$PM_{2.5}$
化石燃料固定燃烧源	13.6	226.8	23.2	128.6	4.4	2.8
工艺过程源	53.3	97.6	6 510.9	65.7	48.1	13.4
合计	66.9	324.4	6 534.1	194.3	52.5	16.2

综合考虑现阶段深圳制造业产业发展和排放情况，本项目将重点关注增加值、碳排放、大气污染物排放所占比重较高的 3 个制造业子行业（通信电子行业、电气机械业、橡胶和塑料制品业），而将其他制造业归为一类，统称为其他制造业；因此，后续分析中将制造业划分为 4 类进行讨论，即通信电子行业、电气机械业、橡胶和塑料制品业、其他制造业。同时，鉴于电力间接碳排放在制造业碳排放中占

据主导地位，而且电力消费有可能导致电力生产相关大气污染物排放的增长，节约用电也将是制造业减排的重点。

7.4.3　交通部门

（1）交通部门发展和排放现状

深圳是连接香港特别行政区和中国内地的纽带和桥梁，是我国拥有口岸数量最多、车流量最大的城市。作为国家级交通枢纽城市，深圳水、陆、空、铁俱全，可以划分为3大类：客运交通、货运交通、港口机场，详见图7-12。

其中，客运交通包含道路客运、轨道交通、航空客运和水路客运，道路客运又可以进一步细分为营运客运（公交车、出租车、租赁车、旅游客运车、公路客运车等）和非营运客运（私家车、行政公务车、校车等）。货运交通包含道路货运、航空货运和水路货运，道路货运可进一步细分为营运货运（重型、中型、轻型、微型、危化运输等）和非营运货运（重型、中型、轻型、微型、专项作业等）。港口机场指水运港口、码头以及航空机场内交通，不包含建筑物。

深圳实施公交都市战略，公共交通基础设施发达、服务能力较强。全面实施《深圳市打造国际水准公交都市五年实施方案》，扩大公共交通基础设施规模，提高公共交通整体竞争力，"轨道交通+常规公交+出租车+慢行交通"的整体效能和服务水平大幅提升。深圳已经开通地铁运营线路8条，运营线路总长178千米，运营总里程位居中国城市第5；已建成公交专用道883千米，全市共运营公交线路909条，公交车辆15 726台，全市公交最高日客流量超过千万人次，成为全国第4个、全球第11个公交日均客流量突破千万人次的城市；建立"绿色出行"申报平台，投放公共自行车超过2万辆，大力推进和引导居民绿色出行。总的来说，全市居民交通出行结构比较绿色低碳，高峰期公共交通占机动化出行的比例达到56.1%。但是由于人口密集，2017年年底深圳机动车保有量已超过320万辆，道路车辆密度已经突破300辆/千米（国际警戒值为270辆/千米），已成为国内单位面积车辆密度最高的城市之一。

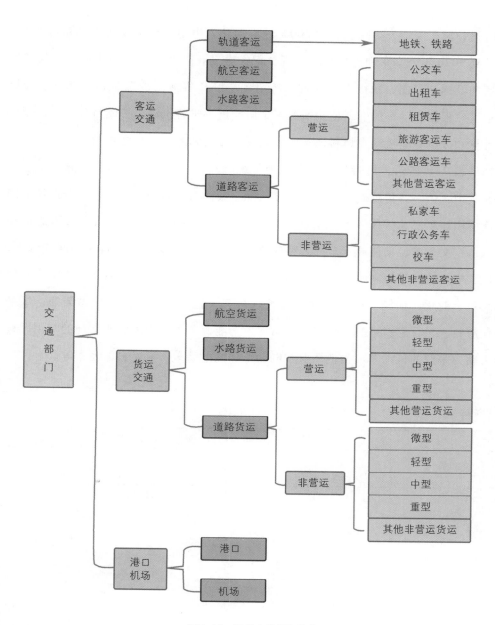

图 7-12　深圳交通部门结构

　　深圳大力推动道路交通的绿色低碳发展，加快新能源车辆推广和应用。深圳已累计推广新能源汽车 7.2 万辆，是全球新能源汽车推广规模最大的城市之一。在道路客运领域，深圳公交车已实现100%纯电动化，出租车纯电动化率已超过90%，预计到2020年公交车和出租车将实现全部纯电动化。在道路货运领域，严禁使用报废和低标准车辆，积极引导和推广纯电动、LNG等清洁能源货运车辆，发展绿色运输。根据机动车的燃料使用情况，本研究进一步将机动车按燃料分类，以便后续计算和分析各类机动车燃料消耗所导致的碳排放和大气污染物排放。

如表7-4所示，可将机动车划分为传统燃料车、替代燃料车和新能源车三大类，其中：第一，传统燃料车主要指以汽油、柴油为动力的机动车，在全世界范围广泛应用。第二，替代燃料车指使用可替代传统燃油的燃料作为动力来源的机动车，从广义上来说新能源汽车都是替代燃料车，为了区分替代燃料车和新能源车，本研究中设定替代燃料主要指：车用燃气，包含压缩天然气（CNG）、液化天然气（LNG）、液化石油气（LPG）；生物质替代燃料，包含燃料乙醇、生物柴油；煤基替代燃料，包含燃料甲醇、煤制油。第三，新能源车主要指采取非常规的车用燃料作为动力来源的机动车，包括插电式电动车、纯电动车、氢燃料电池车等。

表7-4　　　　　　　　　　　　　机动车燃料分类

分类	子类别	燃料
传统燃料车		汽油
		柴油
替代燃料车	车用燃气	压缩天然气（CNG）
		液化天然气（LNG）
		液化石油气（LPG）
	生物质替代燃料	燃料乙醇
		生物柴油
	煤基替代燃料	燃料甲醇
		煤制油
新能源车		插电式电动车（PHEV）
		纯电动车（BEV）
		氢燃料电池车

深圳还积极建设绿色港口，推动水路交通运输行业的绿色低碳发展。深圳集装箱吞吐量由 2010 年的 2 251 万标准箱增至 2015 年的 2 421 万标准箱，是全球第三大集装箱港口。港口、码头区域率先开展节能减排试点，推动实施"油改电""油改气"等技术改造，目前深圳港已基本完成一半拖车"油改气"和全部龙门起重机"油改电"工作；率先在国内港口开展船舶岸电转用低硫油的减排措施并积极试验"岸电"，为港口污染治理提供典型示范。

（2）交通碳排放和大气污染物排放

交通部门已经成为深圳市碳排放最大的部门和大气污染物排放的主要来源。2015 年，交通部门已成为深圳第一大的碳排放源，占全市碳排放总量（包含直接排放和电力间接排放）的 37.6%，如图 7-13 所示。

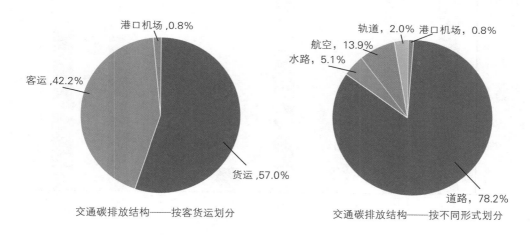

图 7-13　2015 年深圳交通碳排放结构

从客运、货运、港口机场划分来看，货运碳排放占比最高，为 57.0%；其次是客运碳排放，占比 42.2%；港口机场碳排放占比最低，仅为 0.8%。从道路、水路、航空、轨道、港口机场划分来看，道路交通碳排放量最大，占全市交通碳排放总量的 78.2%；其次是航空和水路碳排放，占比分别为 13.9% 和 5.1%，轨道交通和港口机场碳排放量较低，二者合计占比 2.8%。**道路交通是深圳交通碳排放最主**

要的来源，其中道路客运碳排放占比为 37.2%、道路货运占比为 62.8%；私家车、营运货车和非营运货车碳排放量最大，三者合计排放超过 2 000 万吨，占道路交通碳排放总量的 84.4%，是交通碳排放减排的重点领域。

交通部门也是深圳本地大气污染物排放的主要来源之一。交通部门中各类机动车、船舶、航空器、货物装卸设备等都是重要的大气污染物排放源，主要排放的大气污染物种类包括 SO_2、NO_x、VOCs、CO、PM_{10}、$PM_{2.5}$、BC、OC 等。图 7-14 给出了 2015 年深圳交通部门主要大气污染物一次排放量在全市排放总量中的占比。

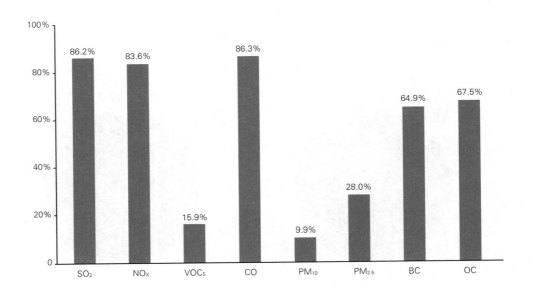

图 7-14　2015 年深圳交通主要大气污染物一次排放在全市排放中占比

从图 7-14 中可以看出：交通部门是深圳 SO_2、NO_x、CO 一次排放以及 BC 和 OC 一次排放最主要的来源，分别贡献了全市 80% 以上和 60% 以上的一次排放量；是深圳 VOCs 一次排放的第二大来源，贡献了全市 VOCs 一次排放的 15.9%；也是深圳 $PM_{2.5}$ 和 PM_{10} 一次排放的第二大来源，排放量已经超过了化石燃料固定燃烧源和工艺过程源二者之和。此外，鉴于 SO_2、NO_x、VOCs、BC、OC 等污染物可以转

化生成 $PM_{2.5}$ 等颗粒物,交通部门已经成为深圳大气环境污染最主要的本地源。而且随着能源结构和产业结构的不断清洁化,交通将在城市空气质量中产生最重要的影响。

在交通部门内,不同类型排放源所排放的大气污染物种类和规模存在明显差异。从表 7-5 可以看出,船舶是 SO_2 排放最大的来源,贡献了全市交通该污染物一次排放的 89.2%;同时也是 PM_{10}、$PM_{2.5}$、BC、OC 的主要排放源,排放量占全市交通一次排放的近 50%。载客机动车是全市交通 VOCs 和 CO 一次排放的主要来源,而载货机动车则是交通 NO_x 一次排放的主要来源,同时二者也产生大量的颗粒物、BC、OC 等污染物排放,严重影响市内空气质量。载客机动车中,使用汽油的私家车和使用柴油的公交车、大型客运车污染物排放规模最大;但随着公交全面电动化,私家车和大型客运车将成为大气污染减排的重点。载货机动车中,使用汽油或柴油的轻型载货车、使用柴油的重型载货车污染物排放规模最大,也是未来货运领域大气污染治理的重点。

表 7-5　　　　　　2015 年深圳交通部门各类排放源大气污染物一次排放占比

排放/排放源	SO_2	NO_x	VOCs	CO	PM_{10}	$PM_{2.5}$	BC	OC
载客机动车	4.8%	22.9%	58.0%	65.4%	16.1%	17.1%	14.0%	15.9%
载货机动车	4.5%	43.7%	31.3%	28.1%	24.8%	25.9%	27.3%	25.8%
工程机械	0.2%	5.3%	4.3%	3.0%	9.8%	10.7%	11.0%	10.9%
飞机	1.0%	2.7%	1.0%	1.2%	0.4%	0.4%	0.5%	0.5%
铁路内燃机	0.3%	0.1%	0.0%	0.0%	0.1%	0.1%	0.1%	0.1%
船舶	89.2%	25.3%	5.4%	2.2%	48.9%	45.8%	47.2%	46.9%

总的来说,交通部门是深圳碳排放和主要大气污染物排放共同的主要来源,而且随着城市能源结构优化和产业结构转型升级,交通运输部门将在城市应对气候变化和改善空气质量中发挥着越来越重要的作用。根据深圳交通部门现状和发展趋

势，道路客运、道路货运、水路货运将是未来城市碳排放和大气污染物排放协同治理的关键领域。

7.4.4 建筑物

深圳土地形态以低山、平缓台地、阶地丘陵为主，森林覆盖率达 44.6%，平原仅占陆地面积的 22.1%，土地资源和建筑用地稀缺。深圳是目前国内绿色建筑建设规模和密度最大、获绿色建筑评价标识项目和全国绿色建筑创新奖数量最多的城市之一，被誉为住房和建设领域的"绿色先锋"城市。

（1）建筑物建设及排放现状

截至 2018 年底，深圳节能建筑面积已超过 1.75 亿平方米，全市已完成既有公共建筑节能改造项目 167 个，涉及建筑面积达 862 万平方米，所有新建建筑 100% 符合节能标准。绿色建筑面积累计达 11 500 万平方米，建有 10 个绿色生态城区和园区，44 个项目获得绿色物业管理星级评价标识，其中 42 个项目获得国家三星级、13 个项目获全国绿色建筑创新奖。大力推广可再生能源在建筑中的规模化应用，全市建成和在建太阳能光伏发电项目装机规模达 49 兆瓦，太阳能热水应用总集热面积达到 2 500 万平方米。总的来说，深圳绿色低碳城市的建筑雏形已基本呈现。

另外，根据使用功能的不同，建筑物可以划分为居住建筑和公共建筑两大类，前者主要指供人们日常居住生活使用的建筑物，后者则指供人们进行各种公共活动的建筑物，具体包括政府办公建筑、商业办公建筑、商场建筑、酒店建筑、学校建筑、医院建筑和其他公共建筑等类型。本研究后续关于深圳建筑物的分析采取上述分类方式。

（2）建筑物碳排放和大气污染物排放

与发达国家相比较，深圳单位建筑面积能耗强度和人均建筑能耗强度处于较低水平。从图 7-15 可以看出，深圳单位建筑面积的年均能耗仅为美国的 23.5%，欧盟的 30.1%。从图 7-16 可以看出，深圳年度人均建筑面积能耗强度仅为美国的 1/7，欧盟的 1/2。

年单位面积的建筑能耗（kWh/(m².a)）

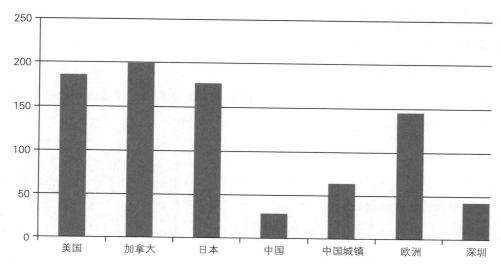

图 7-15　单位建筑面积年均能耗强度的比较

年人均建筑能耗（kWh/(p.a)）

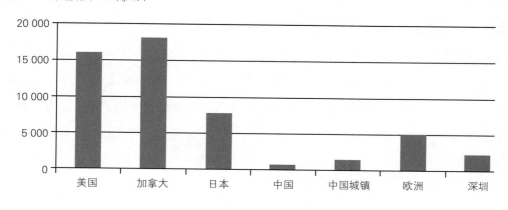

图 7-16　年度人均建筑能耗强度的比较

　　建筑领域的碳排放包括建设施工阶段的碳排放和运行阶段的碳排放，本研究只关注建筑运行阶段的碳排放，并将其称为建筑物碳排放。建筑物碳排放与其运行阶段的各类能源消费活动密切相关，其主要消耗的能源品种包括电力、天然气、液化石油气（LPG）；根据能源品种的不同，建筑物碳排放涉及天然气、LPG 等化石燃料消费所导致的直接碳排放，以及电力消费所产生的间接碳排放。本研究中，建筑物碳排放同时涵盖直接和间接排放。2015 年，深圳建筑物碳排放 1 964 万吨，占全市碳排放总量的 25% 左右，其中：居住建筑碳排放为 1 002 万吨，公共建筑碳排放为 962 万吨。此外，由于建筑物能源消费中电力占主导地位，间接碳排放在建筑物碳排放总量中的占比超过 90%。因此，提高能效、节约用电在建筑物碳排放减排中至关重要。

建筑领域主要有两项活动产生大气污染物排放：一是建设施工阶段的工地扬尘，二是运行阶段的餐饮油烟。根据深圳大气污染源解析，建筑物餐饮油烟所产生的 $PM_{2.5}$ 和 VOCs 一次排放在全市总量中的占比不足 2%，影响极低，可以忽略不计；但是，建设施工阶段的工地扬尘在全市颗粒物一次排放中所占比重相当高，是 $PM_{2.5}$ 污染治理的重点领域之一。

本研究只关注建筑运行阶段的环境影响，根据上述分析可以归纳得出：深圳建筑物碳排放在全市碳排放总量中占据较大比例，而且以电力间接碳排放为主；建筑物在全市主要大气污染物一次排放中占比极低，对城市 $PM_{2.5}$ 污染治理影响较小；建筑物运行阶段碳排放与 $PM_{2.5}$ 相关大气污染物排放没有太大相关性，协同减排空间小。但是从全生命周期角度看，建筑物用电量的增加将导致全市电力需求的增加，并将由此驱动电力生产相关的碳排放和大气污染物排放增长，因此，建筑物节能节电对城市环境治理也至关重要。

7.5 小结

城市碳排放和 $PM_{2.5}$ 相关大气污染物排放具有显著的同根同源性，道路交通、非道路交通、电力热力和非能源工业是两类排放共同的主要来源，合计贡献了市内碳排放总量的 87.6%、$PM_{2.5}$ 污染的 75.0%。

结合当前深圳电力热力生产和产业发展实际，可进一步将电力、制造业、交通、建筑物 4 个部门确定为深圳碳排放和大气污染物排放减排的重点领域，其中电力、制造业、交通部门的两类排放的同根同源性较强，是超大城市乃至城市群区域实施协同治理的关键领域。

第8章　基于协同治理和
转型升级的深圳未来探索

过去 10 年，深圳在保持经济快速增长的同时大幅降低了碳排放强度、显著提升了空气质量，初步探索出了一条环境与经济协调发展的道路。但是，作为国内最年轻且成长最迅速的超大型城市，深圳仍旧面临着人口规模膨胀、能源需求攀升、资源环境约束趋紧、治理能力不足等一系列严峻问题，能否率先于 2020 年实现城市碳排放达峰和空气质量达到世界卫生组织第二阶段标准仍旧充满了挑战。

关于深圳历史经验的总结和分析发现，通过实施绿色低碳发展、产业转型升级、能源结构优化、先进技术推广应用以及环境治理体制创新，城市是可以实现低碳发展、清洁空气与经济高质量增长协同共赢的。一方面，城市碳排放和大气污染物排放具有相当大的同根同源性，很多减排政策、措施或技术能够同时削减这两类排放，利用二者的协同效应有助于降低城市总体减排成本。另一方面，城市经济社会发展与生态环境保护能够相互促进，转型升级、结构优化从源头上降低资源消耗和污染物排放，而日益严格的资源环境约束又"倒逼"经济高质量增长。

有鉴于此，本研究从多污染物协同治理、环境与经济协同发展的视角出发，除末端治理技术外，还引入大量的"需求管理类"和"结构调整类"政策或措施；以 2015 年为基准年，应用 LEAP 和 CMAQ 模拟分析深圳能否于 2020 年实现碳排放达峰和空气质量达标的协同双达，预测 2030 年城市的碳排放和空气质量状况，并且评估各个重点部门碳排放和大气污染物排放的协同治理效果。

8.1 经济社会发展基本假设

根据《深圳市国民经济和社会发展第十三个五年规划纲要》《深圳市可持续发展规划（2017—2030 年)》《深圳市综合交通"十三五"规划》《粤港澳大湾区发展规划纲要》等规划文件，结合主管部门访谈、专家访谈和历史演变规律分析，以 2015 年为基准年，我们给出 2016—2030 年深圳经济社会发展的基本假设。

8.1.1 地区生产总值增长和产业结构

根据城市国民经济和社会发展相关规划，设定不同时间段的城市生产总值增速以及第一、二、三产业结构，结合已有历史年度数据对未来不同年份的城市生产总值和各产业增加值进行预测。

地区生产总值增速假设。《深圳统计年鉴》数据显示，2006—2010 年期间深圳地区生产总值年均增长速度为 13.3%，2011—2015 年期间为 9.6%。另外，基于 2016—2018 年的实际数据，结合深圳《政府工作报告》对 2019—2020 年城市生产总值增速的预期，可以计算得出 2016—2020 年期间深圳地区生产总值年均增速约为 7.50%。对于 2021—2030 年期间的城市经济增长趋势，主要根据国家和区域发展整体形势以及主管部门和专家访谈进行预测，认为这一阶段深圳地区生产总值年均增速将有所下降，降低至 7.00%。

产业结构假设。深圳第一产业在城市生产总值中所占比重很低，2015 年仅为 0.03%，基本可以忽略不计。2010—2015 年第三产业增加值占比由 53.68% 上升至 58.8%，同时《深圳市国民经济和社会发展第十三个五年规划纲要》提出到 2020 年第三产业占比将增至 61%。结合历史数据和发展规划预测：深圳第三产业在 GDP 中占比 2020 年为 61%，2030 年约为 67%；第二产业占比 2020 年为 39%，2030 年约为 33%。

制造业发展假设。第二产业包括工业和建筑业两部分，2015—2018 年深圳建筑业增加值在生产总值中的占比稳定在 2.7% 左右，因此假定建筑业这一占比在 2020 年和 2030 年保持不变，均为 2.7%。据此推算，2020 年工业增加值占生产总值比重为 36.30%，2030 年为 30.30%，并且假设 2021—2030 年期间工业增加值占比呈现线性增长趋势。此外，历史数据显示，自 2009 年以来深圳制造业增加值在工业增加值中的占比保持在 95% 左右，假设制造业这一占比未来保持不变。

8.1.2　常住人口和流动人口

深圳市的人口统计包含常住人口、户籍人口与非户籍人口，其中户籍人口与非户籍人口之和为常住人口。根据《深圳统计年鉴》，2015 年深圳常住人口为 1 137.87 万人，户籍人口 354.99 万人，非户籍人口 782.88 万人。

常住和流动人口假设。根据《深圳市人口与社会事业发展"十三五"规划》《深圳蓝皮书：深圳社会建设与发展报告（2016）》，进一步考虑未来深圳产业结构调整、流动人口增速减缓等趋势，预测深圳到 2030 年的常住人口和流动人口数量，见表 8-1。

表 8-1		深圳人口规模预测	单位：万人
	2015 年	2020 年	2030 年
常住人口	1 137.87	1 480	1 990
流动人口	814	600	700
实际管理人口	1 951.87	2 080	2 690

8.1.3　交通需求和交通体系发展

机动车保有量和地铁运营里程假设：在《深圳市轨道交通线网规划（2016 — 2030 年）》《深圳市综合交通"十三五"规划》《新能源汽车产业、技术与推广应用——中国深圳模式》《深圳市现代物流业发展专项资金管理办法》《2018 年"深圳蓝"可持续行动计划》《深圳市老旧车提前淘汰奖励补贴办法（2018—2020

年)》等政策文件的基础上,结合深圳交通相关研究机构的调研数据和专家访谈,对 2015—2030 年深圳各类机动车保有量以及地铁运营里程做出假设,见表 8-2 和表 8-3。

表 8-2　　　　　　　　　　　深圳各类机动车保有量的基本假设　　　　　　　　单位:万辆

	2015 年	2020 年	2030 年
公交车	1.6	1.6	1.8
出租车	1.8	1.8	2.5
营运客车	0.5	0.5	0.5
行政公务车	65.4	65.4	65.4
私家车	256.0	312.9	404.5
摩托车	0.8	0.8	0.8
货车	11.8	13.2	15.2

表 8-3　　　　　　　　　　　深圳地铁运营里程的基本假设　　　　　　　　　　单位:千米

	2015 年	2016 年	2017 年	2020 年	2030 年
运营里程	177	199	220	285	285

重点机动车年均行驶里程假设。出租车、公交车是单车年均里程最长、能源消耗最大的两类机动车。基于 2015—2017 年出租车、公交车细分类型的统计数据和交通科研机构的企业调研数据,对这两类车到 2030 年的年均行驶里程做出假设,见表 8-4。

水路、航空客货运周转量假设。根据 2015—2017 年深圳水路、航空客货运周转量实际数据,结合主管部门和重点企业调研,外推得到未来年份水路、航空客货运周转量趋势,见表 8-5。

表 8-4　　　　　　　深圳重点机动车年均行驶里程的基本假设　　　　　　单位：万千米

		2015 年	2020 年	2030 年
出租车	汽油	12.8	14.7	14.7
	电动	13.9	13.1	13.1
公交车	柴油	7.7	—	—
	天然气	8.1	—	—
	混合动力	7.2	—	—
	电动	6.7	6.6	6.6

表 8-5　　　　　　　深圳水路、航空客货运周转量的基本假设

	2015 年	2016 年	2017 年	2020 年	2030 年
水路货运周转量 （十亿吨千米）	192	202	212	242	292
航空货运周转量 （百万吨千米）	459	467	475	500	700
航空客运周转量 （百万人千米）	63 139	70 688	80 122	10 087	176 374

8.1.4　居住需求和建筑面积

人均建筑面积假设。综合考虑《深圳市建筑节能与绿色建筑"十二五"规划》《深圳统计年鉴》《中国建筑节能年度发展研究报告（2017）》等统计数据，国外城市人均建筑面积情况，以及《新型城镇化背景下中国建筑节能顶层设计》《中国能源中长期（2030、2050）发展战略研究》等对我国未来人均住宅和公共建筑面积的判断，认为：其一，最近 15 年深圳居住建筑面积经历了快速增长，目前建成区规模较大、待建区面积较小，未来建筑面积增幅将逐渐下降。其二，2015—2017年深圳人均公共建筑面积呈微升趋势，随着第三产业发展以及研发办公类企业的增加，未来人均公共建筑面积会持续增长。据此给出到 2030 年深圳人均居住和公共

建筑面积的趋势预测，见表 8-6。

表 8-6　　　　　　　　　深圳人均居住和公共建筑面积的基本假设　　　　　　单位：平方米/人

	2015 年	2020 年	2030 年
人均居住建筑面积	23.2	21.9	22.0
人均公共建筑面积	7.2	8.2	10.0

总建筑面积假设。在人均建筑面积预测的基础上，结合城市实际管理人口，预测到 2030 年深圳居住建筑和公共建筑总面积见表 8-7。

表 8-7　　　　　　　　　深圳居住和公共建筑总面积的基本假设　　　　　　　单位：亿平方米

	2015 年	2020 年	2030 年
居住建筑面积	4.53	4.56	5.91
公共建筑面积	1.41	1.70	2.69
建筑总面积	5.94	6.26	8.60

各类型公共建筑面积假设。公共建筑包括机关办公建筑、写字楼、商场、宾馆酒店、学校、医院和其他公建等 7 种类型。根据深圳市建设科技促进中心、深圳市机关事务管理局等机构的相关数据，对未来各类型公共建筑的面积做出假设，见表 8-8。

未来建筑用能模式假设。随着我国小康社会建设的加快和生活水平的提高，人们对建筑舒适度的要求和电气设备的使用率均提高，传统节俭的建筑用能正面临着挑战，基本呈现出高、中、低能耗三类生活模式，详见表 8-9。

表 8-8 　　　　　　　　　　深圳各类型公共建筑面积的基本假设 　　　　　　　　单位：万平方米

	2015 年	2020 年	2030 年
机关办公建筑	1 025	1 027	1 028
写字楼	8 761	10 543	16 691
商场	1 272	1 538	2 435
宾馆酒店	1 696	2 047	3 241
学校	726	1 002	1 990
医院	285	459	1 129
其他公建	365	376	386
合计	14 130	16 992	26 900

表 8-9 　　　　　　　　　　建筑高、中、低能耗运行模式

建筑类型	高能耗人群	中能耗人群	低能耗人群
居住建筑	尽可能通过机械手段提供较为良好的室内环境，如空调长时间开启，保证全时生活热水供应，大量使用高耗能电器提供服务等	自然条件优先，基本舒适的生活模式，优先开窗通风降温，部分空间、部分时间使用空调，基本没有高耗能电器等	简单的生活模式，基本没有空调，全年室温随气候有较大波动，家用电器仅满足基本的生活及娱乐需求等
公共建筑	建筑较大，室内区域常年需人工照明、中央空调系统，常年依靠机械通风换气等	大多为个体空调设备，运行时间较短，优先利用自然通风降温，优先利用自然采光等	基本没有空调，全年室温随气候有较大波动等

居住建筑用能强度假设。虽然当前的新建居住建筑正在按节能标准进行设计和施工，未来也有可能采用更为严格的标准，同时亦有阶梯电价制度。但是鉴于未来人民生活水平不断提高、家用电器在种类和数量上都将有所增加，以及人们生活模式的转变，因此假设 2030 年能耗强度将提高 25%。

公共建筑用能强度假设。虽然深圳已对公共建筑实施了能耗限额标准，但随着第三产业的蓬勃发展和人们对室内环境舒适需求的增加，单位面积公共建筑的能源

消耗仍呈上升趋势，假设到 2030 年公建能耗强度还将增长 5%。

8.2　协同治理情景设定

根据深圳经济社会发展和排放现状以及城市应对气候变化和改善空气质量的目标，本研究设计了两种减排情景：一是基准情景，假设从基准年（2015 年）起至 2030 年，现存减排措施和技术的推广率保持不变，并且不引入新的措施或技术，也就是说假设技术冻结。二是双达情景，从城市碳排放和大气污染物排放协同治理出发，基于各个部门最新发展趋势和减排措施的协同效应，重新收集、分析和建立减排措施及技术目录，并假设减排措施和技术的推广率不断提高，从而分析协同减排对能耗、碳排放、空气污染物排放的影响的情景。下面重点介绍"双达情景"的基本设定。

8.2.1　碳排放减排措施和技术

电力。根据深圳市《能源发展"十三五"规划》《深圳市应对气候变化"十三五"规划》等相关文件，结合与深圳能源主管部门、行业专家、相关企业的调研讨论，确定了 6 大类、19 项减排措施和技术（详见附录 1）。这些措施和技术，如减少煤电占比、提高天然气发电占比、提高新能源和综合能源发电占比，侧重于调整和优化电源结构；另外一些，如汽机、燃机系统改进，锅炉系统改进、综合系统改进，则侧重于现有燃煤电厂和现有燃气电厂的技术升级改造和发电效率提高，见表 8-10。

制造业。制造业节能减排措施和技术主要来源于两个渠道：一是《国家重点节能低碳技术推广目录》《国家重点行业清洁生产技术导向目录》《工业领域节能减排电子信息应用技术导向目录》《国家重点推广的电机节能先进技术目录》等国家部委发布的目录；二是基于深圳制造业企业和技术市场广泛调研搜集的信息，包括各项节能减排措施或者技术的适用范围、主要内容、投资金额、维护成本、单位节能量、节能收益、产值收益、节省原料收益、技术设备的使用年限等。

表 8-10　　　　　　　　　　　　电力碳排放减排措施/技术分类

序号	大类划分
1	减少煤电占比
2	提高天然气发电占比
3	提高新能源和综合能源发电占比
4	汽机、燃机系统改进
5	锅炉系统改进
6	综合系统改进

由于传统高耗能行业（如钢铁、建材、化工等）在深圳很少，而通信电子行业、电气机械业、塑料制品业等行业能耗所占比重较大，因此本研究主要针对这三个行业筛选节能减排技术，共包含温控技术、照明技术、通用生产技术、专用生产技术、能源技术、控制管理技术、运输技术等 7 大类、56 项具体措施和技术。具体信息见表 8-11。

表 8-11　　　　　　　　　　　　制造业碳排放减排措施/技术分类

序号	7 大类减排措施/技术名称
1	温控技术
2	照明技术
3	通用生产技术
4	专用生产技术
5	能源技术
6	控制管理技术
7	运输技术

交通。 交通节能减排的政策、措施和技术主要来源于两个渠道：一是《深圳市轨道交通线网规划（2016—2030 年）》《深圳市绿色低碳港口建设五年行动方案（2016—2020 年）》《深圳市新能源汽车推广应用扶持资金管理暂行办法》《深圳市

综合交通"十三五"规划》《深圳市道路运输行业推广使用液化天然气汽车补贴资金申报指南》《深圳市纯电动巡游出租车超额减排奖励试点实施方案（2017—2018年度）》《深圳市老旧车提前淘汰奖励补贴办法（2017—2018年）》《2018年"深圳蓝"可持续行动计划》《深圳市老旧车提前淘汰奖励补贴办法（2018—2020年）》等政策文件。

二是深圳交通主管部门、科研机构、行业专家以及公交、地铁、出租、港口和航空公司的访谈和调研数据。总的来说，交通部门的减排措施和技术主要集中于道路机动车、地铁、水路货运 3 个领域，包括 8 大类、34 项具体措施和技术。详细信息见表 8-12。

表 8-12　　　　　　　　　　　交通碳排放减排措施/技术分类

序号	大类	具体措施或技术数量
1	抑制交通需求总量增长	汽车尾号限行，提高停车收费、道路拥堵收费，推广低排放区、中心城区对外干道实施 HOT 收费等 5 项
2	调整交通需求结构	轨道交通发展，BRT、常规公交，建设慢行网络（步行及自行车），绿色出行和自愿停驶等 5 项
3	调整道路货运结构	货车油改气、混合动力货车、高效燃油货车、道路货运向水路货运转变等 4 项
4	调整道路营运客运结构	纯电动公交车、纯电动出租车、电动车分时租赁等 3 项
5	调整私家车燃料结构	纯电动私家车等 1 项
6	轨道交通节能管理	车站大系统、区间隧道照明、车站公共区照明、TVF 风机开启控制、车站小系统等 6 项
7	轨道交通节能改造	空调通风变频、水系统变频节能改造、加装无功补偿装置等 9 项
8	水路货运节能管理改造	单位水路货运周转能耗降低等 1 项

其中，道路机动车减排是交通领域的重点，其减排措施和技术共涉及 5 大类别、18 项具体措施或技术，包括：抑制交通需求总量增长类（5 项）、调整交通需求结构类（5 项）、调整道路货运结构类（4 项）、调整道路营运客运结构类（3 项）、调整私家车燃料结构类（1 项）。

建筑物。根据《深圳经济特区建筑节能条例》《深圳市绿色建筑促进办法》《深圳市建筑节能发展专项资金管理办法》《深圳市公共建筑能耗标准（SJG34-2017)》等政策文件，以及已申报公共建筑节能改造合同能源管理项目的实施情况，结合深圳住建局、建科院等主管部门、科研机构、行业专家的访谈和调研信息，确定未来20年深圳建筑物领域的主要节能减排措施和技术，覆盖既有公共建筑、居住建筑以及新建建筑，还包含建筑节能管理机制的建设。

总体来说，2015—2030年深圳建筑物主要采取的节能减排措施和技术包括：既有公共建筑改造——空调系统、热水系统、照明系统、电梯系统、围护结构、变压器，既有居住建筑改造，新建低排放建筑，建筑节能管理机制等9大类、35项具体措施或技术。详细信息见表8-13。

表8-13 建筑物碳排放减排措施/技术分类

序号	大类	具体措施或技术数量
1	既有公共建筑改造——空调系统	7项
2	既有公共建筑改造——热水系统	4项
3	既有公共建筑改造——照明系统	1项
4	既有公共建筑改造——电梯系统	3项
5	既有公共建筑改造——围护结构	5项
6	既有公共建筑改造——变压器	1项
7	既有居住建筑改造	8项
8	新建低排放建筑	2项
9	建筑节能管理机制	4项

8.2.2 大气污染物排放减排措施和技术

鉴于电力、交通和制造业是深圳碳排放和大气污染物排放协同减排的关键部门，本节重点分析上述3个部门的大气污染治理措施和技术，扬尘、溶剂使用、建筑涂料等领域的治理措施和技术在此不做详细讨论。

根据《深圳市大气环境质量提升计划（2017—2020 年）》《2018 年"深圳蓝"可持续行动计划》《深圳市打好污染防治攻坚战三年行动方案（2018—2020 年）》等提出的大气污染治理的一系列政策、措施和要求，结合深圳当地调研和专家访谈，确定电力、交通和制造业部门 5 大类、31 项具体大气污染治理措施或技术，具体信息见表 8-14。

表 8-14 　　　　　　　　　电力、制造业、交通大气污染物减排措施/技术分类

序号	大类	具体措施或技术数量
1	机动车	12 项
2	非道路移动机械	4 项
3	港口船舶	11 项
4	电厂	1 项
5	工业（主要为制造业）锅炉	3 项

8.2.3　两类减排措施和技术的比较

根据前面两小节的分析，深圳电力、制造业、交通、建筑物部门碳减排共有 30 大类、144 项具体措施和技术，见表 8-15。这些措施和技术既涵盖侧重于源头控制的需求管理和结构调整，也包括侧重于用能终端的能效提高和节能技术推广与应用。

表 8-15 　　　　　　　　　　　深圳碳减排措施/技术分类

部门	大类数量	具体措施/技术数量
电力	6 个	19 项
制造业	7 个	56 项
交通	8 个	34 项
建筑物	9 个	35 项
合计	30 个	144 项

针对电力、交通和制造业三个协同减排的关键部门，大气污染治理主要包括 5 大类、31 项具体措施或技术。需要注意的是，这些大气污染治理措施或技术虽然也关注源头控制和结构调整，但是大多数仍旧偏重末端治理，如低氮燃烧器升级改造、烟气脱硝改造、重型柴油车加装 DPF 等。通过与碳排放减排措施和技术的对比分析，发现大气污染治理中的结构类措施很多与碳减排所推荐的相重合，表8-16标出了重合部分的措施或技术。

表 8-16　　　　　　　深圳大气污染治理措施及其与碳减排措施的重合分析

大类	序号	具体措施或技术
机动车	1	轻型柴油车执行国 VI 排放标准
	2	实施老旧车淘汰经济激励政策
	3	营运类老旧车淘汰政策
	4	对国Ⅲ柴油货车实施限行
	5	开展柴油车环保关键部件核查，对关键部件缺失车予以限行
	6	禁止异地载货汽车在部分区域的道路通行
	7	扩大"绿色物流区"，全天禁止柴油货车行驶
	8	禁止非纯电动车注册为网约出租车
	9	发布通告对国Ⅰ汽油车实施限行
	10	淘汰剩余的 10 万辆国Ⅱ汽油车
	11	对假国四柴油车提标升级改造
	12	完成国四国五重型柴油车加装 DPF
非道路移动机械	1	禁止国Ⅰ及以下的非道路柴油移动机械在全市范围内使用
	2	禁止国Ⅱ及以下排放标准的非道路柴油移动机械（叉车除外）在一类低排区内使用
	3	低排区政策强化
	4	提前逐步淘汰 5 吨以下（含 5 吨）柴油叉车

（续表）

大类	序号	具体措施或技术
港口船舶	1	4 艘柴油动力拖轮排气治理并安装排气污染物在线监测设施
	2	4 艘港口工作船舶排气治理并安装排气污染物在线监测设施
	3	深圳港所有柴油燃料港作船加装烟气洗涤器等尾气处理设施
	4	鼓励江海直达船舶加装烟气洗涤器等尾气处理设施
	5	具有船舶岸电系统船载装置的现有船舶停泊超过 3 小时应使用岸电，集装箱船舶月均使用岸电比例不低于 10%
	6	深圳港客运船舶、港作船舶、公务船舶、渔船靠泊岸电使用率达到 100%
	7	鼓励船舶使用硫含量不大于 0.1%m/m 的船用燃油
	8	进入珠三角排放控制区深圳管辖区域范围内的船舶全部使用硫含量 ≤ 0.5%m/m 的燃油，船舶单船抽查比例不低于 3%
	9	远洋船舶靠岸期间进行烟气洗涤及脱硝
	10	提高远洋船舶靠岸期间使用岸电占比
	11	在排放控制区强制使用含硫量低于 0.1% 的燃油
电力	1	妈湾电厂煤场全封闭改造，燃气电厂和机组基本完成低氮燃烧器升级改造或烟气脱硝改造
工业（制造业）锅炉	1	高污染锅炉清洁能源改造。对超过时限改造的，予以关停
	2	5 蒸吨以上燃气锅炉完成低氮燃烧器改造
	3	5 蒸吨（不含）以下燃气锅炉全部进行低氮燃烧器改造

从表 8-16 中可以看出：

（1）道路交通领域，对国Ⅲ柴油货车实施限行、禁止非纯电动车注册为网约出租车、发布通告对国Ⅰ汽油车实施限行、禁止国Ⅰ及以下的非道路柴油移动机械在全市范围内使用、禁止国Ⅱ及以下排放标准的非道路柴油移动机械（叉车除外）在一类低排区内使用、低排区政策强化等 6 项以调整机动车、非道路移动机械燃料和车辆结构为着力点的大气污染治理措施完全或部分与交通碳减排措施重合。制造业领域，高污染锅炉清洁能源改造措施与制造业能源技术大类的碳减排措施重合。

综上，上述 7 项大气治理措施与碳减排措施相重合，可以进行归并处理。

（2）除上述 7 项措施外，剩余的 24 项大气污染治理措施绝大多数为末端治理措施。

8.3　2030 年碳排放与空气质量模拟分析

与 2020 年相比，2030 年深圳气候变化和大气污染的协同治理取得了更加显著的效果。与基准情景相比较，协同治理情景下城市碳排放量以及 PM$_{2.5}$、PM$_{10}$、SO$_2$、NO$_X$、VOCs 等主要大气污染物排放量均呈现大幅下降。

8.3.1　碳排放分析

2020—2030 年城市碳排放趋势：在协同治理情景下，深圳碳排放于 2020 年达到峰值，之后呈现比较平稳的下降趋势，由 2020 年的 8 600 万吨下降至 2030 年的约 8 300 万吨二氧化碳当量。需要注意的是，从图 8-1 可以看出，深圳碳排放达峰后并未立刻出现快速下降趋势，而是处于"平台"期，主要原因在于：随着居民收入水平和生活质量提高，建筑物等刚需的电力需求和由此导致的电力间接排放仍旧持续增长，如果外调电力间接排放无法得到有效控制，难以出现达峰后的快速下降。

但随着协同治理措施和技术的推进，城市碳减排效果不断提高。相对于基准情景，2020 年协同治理情景下的碳排放削减量约为 865 万吨，削减比例为 9.1%；2025 年这一削减量上升约为 2 534 万吨，削减比例为 23.0%；到 2030 年，协同治理情景相对于基准情景实现了超过 4 000 万吨的减排量，减排比例高达 32.8%。这意味着随着协同减排措施和技术的推进和广泛应用，减排效果将显著提高。

2030 年城市万元 GDP 碳排放强度和人均碳排放。在协同治理情景下，2030 年深圳市全市碳排放强度仅为 0.16 吨二氧化碳当量/万元；与此同时，如图 8-2 所示，2030 年全市人均碳排放（以常住人口统计）降低至 4.17 吨二氧化碳当量/人，接近全球大中城市的领先水平。

城市碳排放量和减排量（万吨二氧化碳当量）

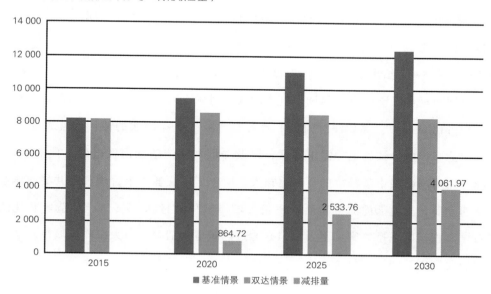

图 8-1　不同情景下深圳城市碳排放量和减排量

城市人均碳排放（吨二氧化碳当量 / 人）

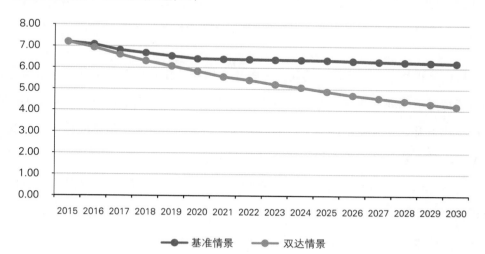

图 8-2　不同情景下深圳人均碳排放量

城市碳减排的部门贡献。从城市碳排放的总体结构来看，协同治理情景下
2030 年碳排放规模最大的部门为南方电网调电、交通部门和电力部门，三个部门
碳排放在城市碳排放中的占比分别为 46.5%、25.1% 和 21.7%，合计占比超过
93.0%。表 8-17 给出了各个部门对城市碳减排的贡献，可以看出：相对于基准情
景，协同治理情景下南方电网调入电力的减少对城市减排量贡献最大，在城市减排
总量中占比 69.1%。需要注意的是，调入电力减少更深层次的原因为建筑物、制
造业节能减排所导致的电力需求降低，以及深圳本地清洁能源发电量占比的增长。
交通部门对削减城市碳排放的贡献也很大，由于居民交通需求管理和公共交通体系
的快速发展，交通部门的减排活动贡献了城市减排总量的 45.9%。制造业和建筑
物对城市直接碳减排的影响不大，但是通过削减电力消费，可大幅降低城市外调电
力和由此产生的间接排放。

表 8-17　　　　　　　2030 年协同治理情景下各部门对城市碳排放减排的贡献分解

部门	南方电网调电	交通部门	制造业	建筑物	其他	电力部门
贡献比例	69.1%	45.9%	0.5%	0.3%	0.0%	-15.7%

协同治理情景下，深圳电力生产所产生的碳排放比基准情景更高。这是因为协
同治理情景下深圳本地燃气电厂、冷热电三联产电厂等的发电量及其在城市供电量
中的占比上升，导致城市电力生产部门碳排放比基准情景高，但是能够明显降低城
市电力对外依赖度和南方电网外调电间接排放。

需求端的各个部门对城市碳减排贡献。图 8-3 从能源消费端和需求端给出了
协同治理情景下各部门对城市碳排放减排的贡献，可以看出：综合考虑直接碳排放
和电力消费所导致的间接碳排放，2030 年制造业对城市碳减排的贡献最大；相对于
基准发展趋势，协同治理情景下该部门碳排放将下降约 1 600 万吨二氧化碳当量，贡
献城市减排总量的 40.4%，其中主要为电力消耗降低所产生的间接排放下降。交通
部门是城市碳排放减排的第二大来源，2030 年该部门相较于基准情景，碳排放将下

降约 1 500 万吨二氧化碳当量，贡献城市 36.7% 的减排量，其中主要为化石燃料消费降低所导致的直接排放下降。建筑物也对城市总体碳减排做出了显著贡献。较基准情景，2030 年建筑物碳排放将下降约 900 万吨二氧化碳当量，贡献城市减排总量的 21.5%，其中发挥主要作用的是建筑物电力消费减少所导致的间接排放下降。

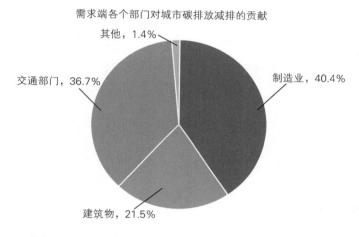

图 8-3　协同治理情景下需求端的各部门对城市碳排放减排贡献

8.3.2　空气质量分析

2030 年，深圳气候变化和大气污染的协同治理也将产生显著的大气污染物削减效果。

一方面，电力、制造业、交通和建筑物领域 30 大类、144 项碳排放减排措施和技术将产生显著的大气污染物协同减排效果，如图 8-4 到图 8-8 所示。这些以碳减排为目的的措施或技术通过抑制能源需求、优化能源结构、降低化石能源消耗等途径和方式，在降低碳排放的同时也将大幅削减 $PM_{2.5}$、PM_{10}、SO_2、NO_X、VOCs 等主要大气污染物排放，将对降低城市 $PM_{2.5}$ 浓度、提升城市空气质量做出显著贡献。

另一方面，电力、交通和制造业领域的 5 大类、31 项大气污染治理措施和技术的实施也具有一定的碳排放减排协同效应。其中，对国Ⅲ柴油货车实施限行、禁止非纯电动车注册为网约出租车、发布通告对国Ⅰ汽油车实施限行、禁止国Ⅰ及以下的非道路柴油移动机械在全市范围内使用、高污染锅炉清洁能源改造措施等 7 项调整机动车结构和燃料结构的治理措施与碳排放减排措施部分或完全重合，能够产生明显的协同减排效果。剩余 24 项措施或技术侧重于大气污染物排放的末端治理，其中：绝大多数措施或技术基本不产生碳排放减排的协同效应，既不明显增加能源消费与碳排放，但也不协同降低碳排放；而电力部门的治理措施，如电厂深度脱硫脱硝，则通过增加单位发电量的燃料消耗增加碳排放，协同减排效应为负。

除上述 7 项措施外，剩余的 24 项大气污染治理措施绝大多数为末端治理措施。

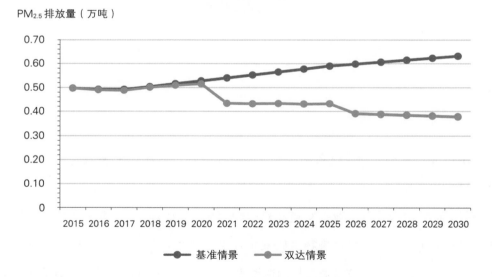

图 8-4　不同情景下深圳市能源相关一次 $PM_{2.5}$ 排放量

PM$_{10}$排放量（万吨）

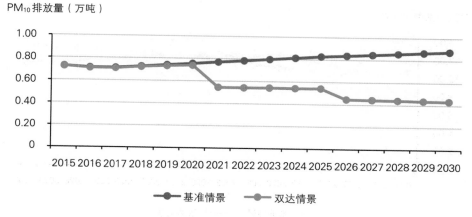

图 8-5　不同情景下深圳市能源相关一次 PM$_{10}$ 排放量

SO$_2$排放量（万吨）

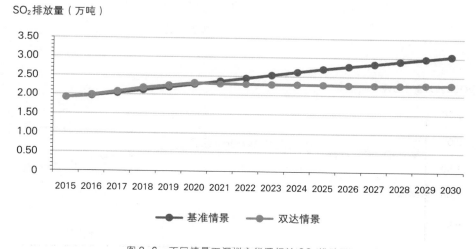

图 8-6　不同情景下深圳市能源相关 SO$_2$ 排放量

　　电力、制造业、交通部门是深圳碳排放和大气污染物排放协同减排的关键领域，也是协同减排效果最显著的部门。下面 3 小节分别对电力、制造业和交通 3 个部门进行详细分析。

NOₓ 排放量（万吨）

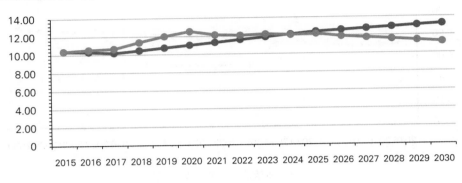

图 8-7　不同情景下深圳市能源相关 NOₓ 排放量

（2024 年前协同治理情景 NOₓ 排放高于基准情景的原因为新建燃气及

冷热电三联产电厂，基准情景为外调电）

VOCs 排放量（万吨）

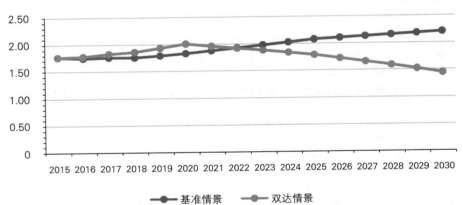

图 8-8　不同情景下深圳市能源相关 VOCs 排放量

（2022 年前协同治理情景 VOCs 排放高于基准情景的原因为新建垃圾发电厂，基准情景为外调电）

8.3.3 电力部门协同治理分析

（1）碳排放减排分析

在参考情景（BAU 情景）下，电力供应系统没有出现碳排放峰值，协同治理情景下可能于 2030 年之后几年内出现峰值。基准情景下 2030 年电力供应系统总体的碳排放量约为 7 800 万吨，年均增长率为 3.34%；在协同治理情景下，2030 年电力供应碳排放约为 5 600 万吨，年均增长率为 1.13%，比基准情景削减了 2 200 万吨二氧化碳当量。

图 8-9 和图 8-10 给出了协同治理情景下电力供应系统的碳排放结构，可以看出：基准情景下，南方电网电力调入是弥补深圳能源需求的主要来源，因此是碳排放的主要来源。在协同治理情景下，电力供应结构更加多元化，煤电将逐步退出，天然气发电比例将不断增加。

从两种情景各种发电方式、各种发电燃料的碳排放之差可以清晰看出，协同治理所促进的电力结构清洁化，如图 8-11 所示。与参考情景相比，协同治理情景将大幅降低由南方电网调入电力引起的碳排放和既有燃煤电厂的碳排放，但将增加天然气发电、垃圾发电等发电方式的碳排放。

（2）主要大气污染物排放减排分析

由于南方电网发电所产生的大气污染物排放会在大气排放源清单处理模型 SMOKE 中予以考虑，因此深圳电力供应系统的大气污染物排放并不涵盖自南方电网外调电力部分的间接排放，重点分析由当地电力生产所产生的空气污染物排放。从表 8-18 可以看出：与基准情景相比较，在协同治理情景下不含垃圾焚烧的本地电力生产所带来的 PM_{10}、SO_2 排放量逐步降低，而 NO_X、VOCs、CO 和 $PM_{2.5}$ 排放量先是呈现小幅度上升，在 2020 年之后开始逐步快速下降。对于垃圾焚烧发电而言，它将导致大气污染物排放量的增加，但是有助于城市解决垃圾处理问题。

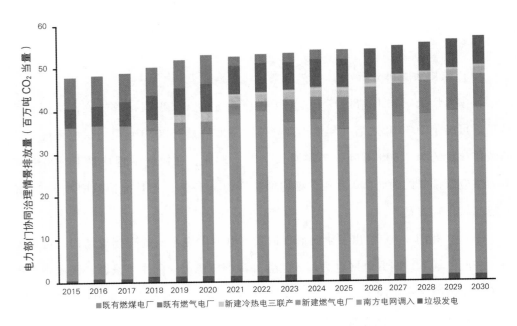

图 8-9　在协同治理情景下不同电力供应方式的碳排放

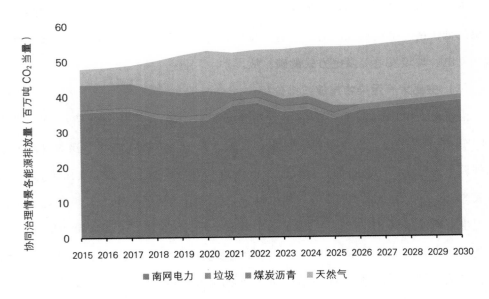

图 8-10　在协同治理情景下不同发电燃料碳排放

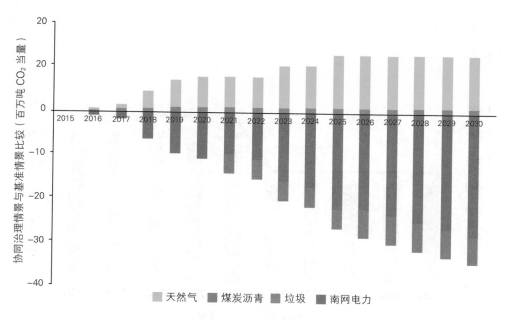

图 8-11　两种情景下不同发电方式的碳排放差异

表 8-18　　　　　　　基准和协同治理情景下电力生产的主要大气污染物排放量　　　　　　单位：吨

	排放源类别	SO_2	NO_x	VOCs	CO	PM_{10}	$PM_{2.5}$
基准情景	本地电力生产（不含焚烧）	228	8 548	194	10 331	3 070	1 323
2015 年	垃圾焚烧	1 646	3 945	1 329	383	86	86
协同治理情景	本地电力生产（不含焚烧）	2	12 478	157	10 225	228	228
2030 年	垃圾焚烧	3 757	9 007	3 033	875	195	195

　　在深圳本地电力生产中，燃煤是一项重要的空气污染物排放来源。煤电逐步退出对空气污染物 PM_{10} 和 $PM_{2.5}$ 的减排量将分阶段逐步增加，2021—2025 年期间分别每年减排大约 1 900 吨和 800 吨，2026—2030 年期间的减排量分别增加到 2 800 吨和 1 200 吨左右。煤电退出也将显著促进 NO_x、VOCs 和 SO_2 等 $PM_{2.5}$ 主要前体污染物排放量的下降，2021—2025 年期间这些污染物每年分别减排 3 300 吨、100 吨、150 吨左右，2026—2030 年期间的减排量分别增加到 4 800 吨、140 吨和 210 吨左

右。从减排措施来看，减少煤电发电量及其在电力供应中占比的措施可以显著降低主要大气污染物的排放量，如图 8-12 和图 8-13 所示。

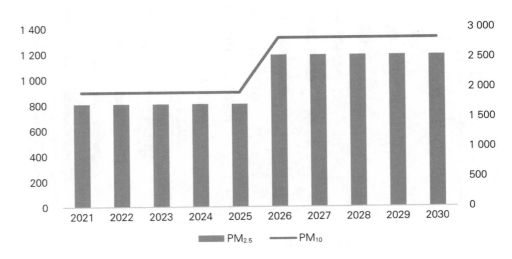

图 8-12　在协同治理情景下煤电退出产生的 PM_{10} 和 $PM_{2.5}$ 减排量（吨）

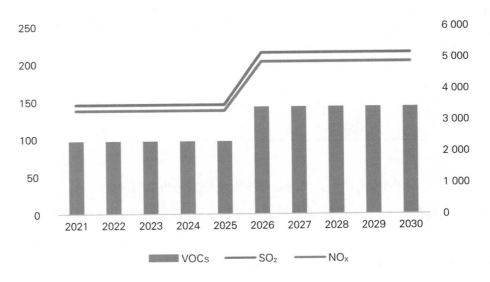

图 8-13　在协同治理情景下煤电退出产生的 NO_x、VOCs、SO_2 减排量（吨）

总的来说，协同治理有助于同时削减电力部门的碳排放和主要大气污染物排放。在协同治理情景下，燃气发电、冷热电三联产、光伏发电等新增措施以及燃煤电厂淘汰措施将在满足未来深圳能源需求的情况下，显著降低电力生产部门碳排放总量。同时，减少煤电这一措施还可以显著减少空气污染物的排放，有利于深圳实现空气质量达标的目标。

8.3.4 制造业协同治理分析

（1）碳减排分析

在协同治理情景下，制造业碳排放（包含直接和电力间接碳排放）在 2020 年达峰，2030 年逐渐下降至 2 305 万吨。从图 8-14 可以看出，其中：计算机通信电子业、橡胶与塑料制品业、电气机械及器材制造业、其他制造业等 4 个子行业均在 2020 年达峰。从排放强度来看，2020 年碳排放强度为 0.25 吨/万元，比 2015 年下降 19.7%；2030 年为 0.13 吨/万元，比 2020 年下降 50.7%。相对于基准情景，协同治理情景的减排量逐年上升，在 2020 年减排量约 62 万吨，在 2030 年减排量超过 1 200 万吨。

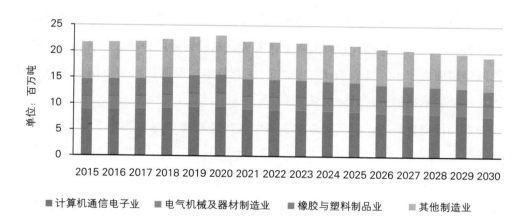

图 8-14 制造业及其子行业碳排放量

从碳排放减排的成本来看，随着技术的不断引入和推广，减排成本也呈现出逐年上升的趋势。从图 8-15 可以看出：生产技术的成本占比最大，占所有技术总成本的 56% 左右；其次是管控技术和温控技术的成本，分别占 16% 和 15%；运输技术的成本占比最小，仅占 0.3%。

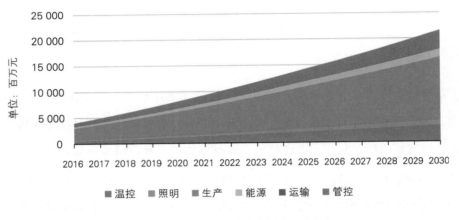

图 8-15　制造业各大类减排措施/技术的成本

（2）主要大气污染物减排分析

由于不考虑电力消费所引发的间接大气污染物排放，制造业大气污染物排放的减排分析重点关注直接消耗化石能源的排放源以及能够降低柴油、LPG 等燃料消耗量的减排措施或技术，见表 8-19。其中，生产技术、能源技术和运输技术减排以及大气污染物减排的协同效应最强。

在协同治理情景下，深圳制造业主要大气污染物排放量也明显下降。以 $PM_{2.5}$ 为例，如图 8-16 所示：2015—2017 年一次排放量逐渐下降，2017—2020 年上升了 4.1%，但 2020—2030 年期间呈显著下降趋势，累计下降了 13.5%。从各个子行业来看，其他制造业一次排放的所占比重较大，平均占比 69.6%，计算机通信电子业、橡胶与塑料制品业相差不大，分别占 12.4% 和 11.8%，三者合计贡献了制造业一次 $PM_{2.5}$ 排放的 93.8%。电气机械及器材制造业排放量最少，占比仅为 6.2%。

表 8-19　　　　　　　　制造业碳减排和大气污染物协同减排的关键措施/技术

大类	具体措施/技术名称
生产技术	将燃油锅炉供热水改为太阳能热水系统
生产技术	锅炉"油改气"
运输技术	发动机冷却系统优化节能技术
生产技术	高红外发射率多孔陶瓷节能燃烧器技术
能源技术	同步电机微机全控励磁技术
生产技术	聚能燃烧技术

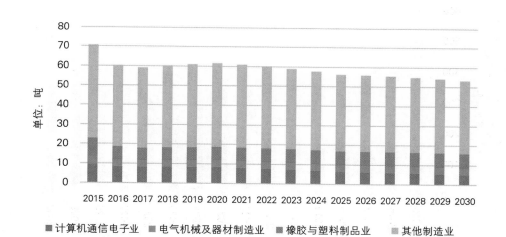

图 8-16　　在协同治理情景下制造业及其子行业一次 $PM_{2.5}$ 排放量

从减排量来看，协同治理情景相对于基准情景的 $PM_{2.5}$ 减排量逐年上升，在 2020 年减排量为 3.2 吨，2030 年大幅上升至 34.1 吨。从减排成本来看，使得柴油和 LPG 消耗量减少的措施或技术均可以同时削减 $PM_{2.5}$ 排放量，其中：发动机冷却系统优化节能技术、同步电机微机全控励磁技术、锅炉油改气的减排成本为负，这些技术在其生命周期中能够给企业带来净收益，而将燃油锅炉供热水改为太阳能热水系统减排成本为正，需要投入额外的资金才能进行此项改造，且在其生命周期中无法回收其投入的成本。

再以 SO_2 为例进行分析，深圳制造业 SO_2 排放量变化的总体趋势与 $PM_{2.5}$ 相接近，如图 8-17 所示：2017 年到 2020 年上升了 4.5%，2020 年到 2030 年累计下降 9.9%。从各个子行业来看，其他制造业 SO_2 排放所占比重较大，平均占比 65.6%；其次是橡胶与塑料制品业，占比为 18.2%，两者贡献了 83.8% 的制造业 SO_2 排放。计算机通信电子业、电气机械及器材制造业排放量相差不大，占比分别为 9.7% 和 6.5%。

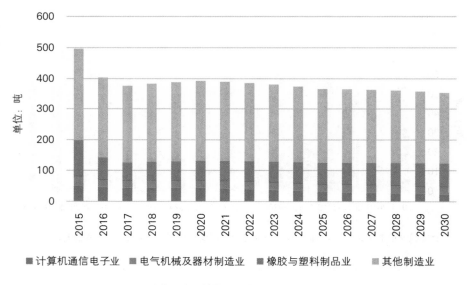

图 8-17　在协同治理情景下制造业及其子行业 SO_2 排放量

从减排量来看，协同治理情景相对于基准情景的 SO_2 减排量逐年上升，2020 年减排为 18.9 吨，2030 年减排量大幅增长至 201.1 吨。从减排成本来看，柴油消耗量减少的措施均可以使得 SO_2 的排放量减少，其中：发动机冷却系统优化节能技术、同步电机微机全控励磁技术、高红外发射率多孔陶瓷节能燃烧器技术和锅炉油改气的减排成本为负，这些技术在其生命周期中能够给企业带来净收益，而聚能燃烧技术、将燃油锅炉供热水改为太阳能热水系统减排成本为正，需要投入额外的资金才能进行此项改造，且在其生命周期中无法回收其投入的成本。

总的来说，制造业逐渐引入和推广的节能减排措施或技术，不仅使得制造业碳排放在 2020 年达到峰值，还能使 $PM_{2.5}$、SO_2 等主要大气污染物排放在 2020 年达峰，具有显著的协同减排效应。

8.3.5　交通部门协同治理分析

（1）碳减排分析

在协同治理情景下，深圳交通碳排放（包含直接和电力间接碳排放）将在 2020 年左右达峰，之后逐渐下降。从图 8-18 可以看出：在基准情景下，2015—2030 年，深圳交通碳排放呈持续增长趋势，没有出现峰值。但是在协同治理情景下，通过实施优先发展公共交通、提高停车收费与汽车尾号限行、货运周转量结构调整、货车油改气、建设慢行网络、推广新能源私家车和网约出租车等 34 项具体措施和技术，预计深圳交通碳排放将在 2020 年左右达峰，达峰时排放约为 3 280 万吨二氧化碳当量，比基准情景降低 9.8%，随后碳排放逐渐下降。

在协同治理情景下，深圳道路交通能源消耗产生的碳排放将在 2020 年左右达峰。如图 8-19 所示，在基准情景下道路交通碳排放逐年增长，没有出现峰值。在协同治理情景下，在各项减排措施和技术的作用下，道路交通能源消耗所产生的碳排放在 2020 年左右达峰，随后逐年下降。深圳市从 2015 年开始限量购买私家车，其碳排放已于 2015 年达峰，而深圳市早在 2015 年开始大力推广纯电动公交车，故也在 2015 年达峰，但货运部门碳排放占比最大的重型货车和轻型货车的碳排放在 2020 年才达峰，故未来低碳转型的重点在货运交通部门。

在协同治理情景下，轨道交通碳排放（直接和电力间接排放）较基准情景上升，但大量私家车的碳排放减少了。与基准情景相比较，尽管 2016—2030 年期间深圳实施了一系列轨道交通节能和能效提高的措施或技术，但由于地铁运营里程和客运周转量的大幅增长，在协同治理情景下深圳地铁系统的电力消耗和由此产生的

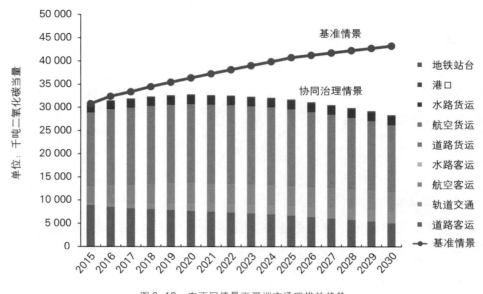

图 8-18 在不同情景下深圳交通碳排放趋势

间接碳排放均大幅增加，如图 8-20 所示。但必须注意的是，地铁作为绿色低碳的公共交通方式，有助于提高公共交通在城市客运中的分担率。深圳地铁的加速发展将极大抑制和削减私家车的使用和年平均出行里程，并由此降低大量私家车所可能产生的碳排放。

（2）主要大气污染物减排分析

在基准情景下，由于公交车、出租车的全面电动化，2015—2017 年期间深圳交通部门所产生的 NO_x、$PM_{2.5}$、PM_{10} 等主要大气污染物的排放量出现小幅度下降，但 2017 年之后由于货运排放源的持续增加，空气污染物排放又逐渐增加。

在协同治理情景下，交通部门的主要大气污染物排放量均呈现明显下降，如图 8-21 到图 8-23 所示。交通部门所产生的 $PM_{2.5}$、PM_{10}、SO_2、NO_x、VOCs 等 5 种主要大气污染物排放在 2020 年均未能达到峰值，具体来看：从 2015 年至 2017 年 $PM_{2.5}$ 的排放量累计下降了 1.5%，2017 年到 2020 年累计上升了 3.9%，但 2020 年到 2030 年呈明显下降趋势，累计下降了 8.3%。对于其他大气污染物，

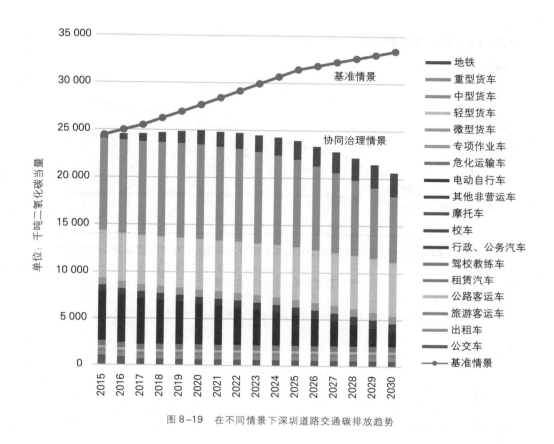

图 8-19　在不同情景下深圳道路交通碳排放趋势

其排放量在 2020—2030 年期间也呈现明显下降趋势，其中 PM_{10} 排放量下降了 7.5%，SO_2 排放量下降了 0.5%，NO_x 排放量下降了 13.6%，VOCs 排放量下降了 35.1%。

在协同治理情景下，交通部门主要大气污染物的减排量逐年上升。以 $PM_{2.5}$ 为例进行分析，如图 8-24 所示：相对于基准情景，协同治理情景的 $PM_{2.5}$ 减排量逐年上升，2020 年减排量为 334 吨，2030 年上升至 1 600 吨。从细分部门来看，水路货运产生的一次 $PM_{2.5}$ 排放量占比最大，且呈上升趋势，由 2015 年的 51.6% 增长到 2030 年的 65.2%，主要原因在于深圳港口规模较大、货轮较多，货轮柴油燃烧产生大量的 $PM_{2.5}$ 排放。由于公共交通的发展和机动车电动化比例的提升，道路交通一次 $PM_{2.5}$ 排放量在全市交通排放总量中所占比重显著下降，其中道路货运占

地铁碳排放（万吨二氧化碳当量）

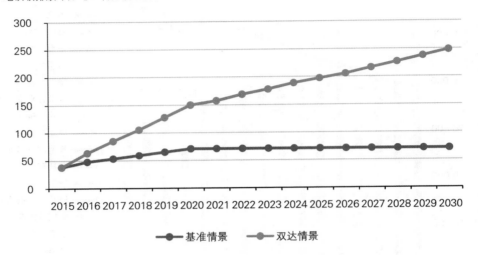

图 8-20　在不同情景下深圳地铁碳排放（直接+电力间接）趋势

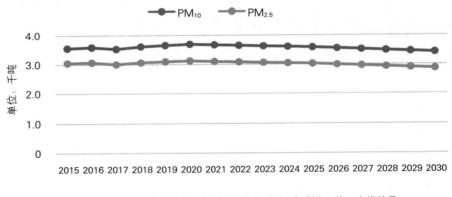

图 8-21　在协同治理情景下深圳交通部门 PM$_{10}$ 和 PM$_{2.5}$ 的一次排放量

比从 2015 年的 30% 下降至 2030 年的 25%，道路客运从 2015 年的 17.8% 下降至
2030 年的 8.9%。

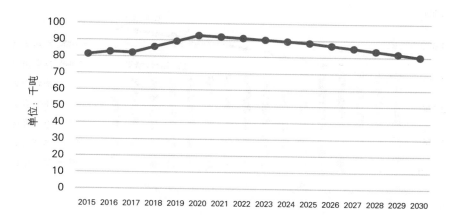

图 8-22　在协同治理情景下深圳交通部门 NO_x 排放量

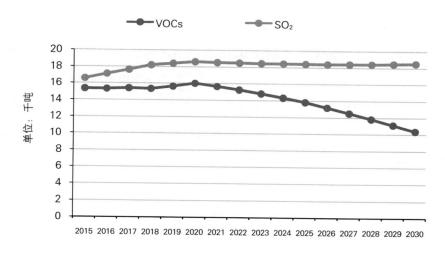

图 8-23　在协同治理情景下深圳交通部门 VOCs 和 SO_2 排放量

在协同治理情景下，道路交通主要大气污染物的减排量不断增长。从图 8-25 可以看出，在协同治理情景下道路交通一次 $PM_{2.5}$ 排放先降低、后增长、再下降，且在 2020 年达到峰值。2015—2030 年期间，道路货运部门中，一次 $PM_{2.5}$ 排放量占比最大的排放源为重型货车，且所占比重逐渐增大，由 2015 年的 30.6% 增长至

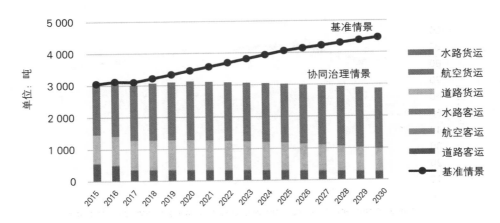

图 8-24 在不同情景下深圳交通及其细分部门的一次 $PM_{2.5}$ 排放量

2030 年的 50.3%；其次为轻型货车，一次 $PM_{2.5}$ 排放占比由 2015 年的 29.5% 增长至 2017 年的 33.7%，随后逐渐下降至 2030 年的 28.9%。在道路客运中，由于 2015 年开始全面推进的公交车"油改电"，协同治理情景下公交车的一次 $PM_{2.5}$ 排放占比由 2015 年 13% 下降至 2018 年后的 0；2015—2030 年期间私家车的一次 $PM_{2.5}$ 排放量及其在城市道路交通排放总量中的占比也不断减小，主要原因在于公共交通和轨道交通等绿色低碳交通政策的推进，使得私家车年均行驶里程不断降低，进而使油耗量和大气污染物排放量降低。

8.4 深圳实施生态环境协同治理的建议

为实现碳排放达峰、空气质量改善、经济高质量增长的协同目标，需要针对关键领域和部门积极推动实施协同治理策略和行动。

总体上，气候变化与大气污染的协同治理能够产生显著的生态环境改善效果。一方面，碳减排措施和技术具有显著的大气污染物协同减排效应，以碳减排为目的的措施或技术通过抑制能源需求、优化能源结构、降低化石能源消耗等途径和方式，在降低碳排放的同时也大幅削减了 $PM_{2.5}$、PM_{10}、SO_2、NO_x、VOCs 等主要大

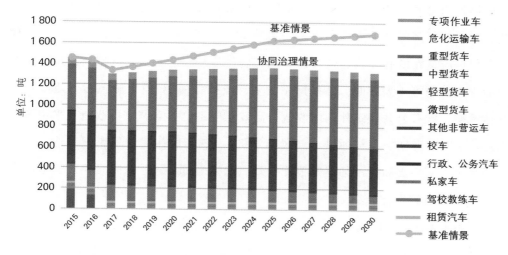

图 8-25 在不同情景下深圳道路交通及其细分部门的一次 $PM_{2.5}$ 排放量

气污染物排放，对降低城市 $PM_{2.5}$ 浓度、提升城市空气质量做出了显著贡献。另一方面，大气污染治理措施和技术的实施也具有一定的碳排放减排协同效应，但不如碳减排措施效应强。其中，7 项调整机动车结构和燃料结构的治理措施与碳减排措施部分或完全重合，能够产生明显的协同减排效果。侧重于大气污染末端治理的绝大多数措施或技术基本不产生碳减排的协同效应，部分治理措施可能增加碳排放，如电厂深度脱硫脱硝，协同减排效应为负。总的来说，需求管理类和结构调整类减排措施或技术的协同减排效应显著，在城市气候变化与大气污染的协同治理中应当优先实施。

具体而言，电力部门最为关键的协同措施是能源结构调整，包括逐步淘汰煤电、增加燃气发电比重、大力发展可再生能源等。制造业需要在温控技术、照明技术、生产技术、运输技术、管控技术等方面推进节能减排，其中协同减排的关键措施包括过程能耗管控系统技术和燃油锅炉供热水改为太阳能热水系统。交通部门可在抑制需求总量增长、调整需求结构、道路货运结构调整、道路营运客运结构调整、私家车燃料结构调整、轨道交通管理节能、轨道交通节能改造、水运节能等方面着力，其中最为关键的协同减排措施包括公共交通建设、货运结构调整、货运能耗降低、提高停车收费与汽车尾号限行等。建筑物虽然协同减排较弱，但也应该在既有公共建筑改造、既有居住建筑改造、新建低排放建筑、建筑节能管理机制等 4 大方面为总目标做贡献，最推荐的 10 项措施包括对空调系统整体更换、既有公共建筑外遮阳改造、高效照明系统、空调主机改造、采用既有居住建筑高效照明、机械通风（新风换气机）、既有居住建筑外遮阳改造、高效空调系统、采用更高标准的建筑节能设计（公共建筑）、更高标准的建筑节能设计（居住建筑）等。

上述 4 大部门的协同减排措施将能够带来显著的协同减排效果和社会效益，但同时也会面临较大的投资成本，尤其是交通和建筑部门。为保障协同减排效应较强的措施或技术能够得到资金支持和推广，应该在相应融资渠道和财政资金补贴上给予政策支持，进一步促进各部门和行业的深度清洁化、低碳化。

8.5 小结

本篇从城市气候变化与大气污染的协同治理角度出发，综合应用 LEAP 模型和区域空气质量模拟平台 WRF/SMOKE/CMAQ，模拟评估同时实施 30 大类 144 项碳减排措施和技术以及 5 大类 31 项大气污染治理措施和技术的协同减排效果。

在协同治理情景下深圳将于 2020 年实现碳排放达峰，峰值时的碳排放量约为 8 619 万吨二氧化碳当量，碳排放强度为 0.33 吨二氧化碳当量/万元，人均碳排放（以常住人口统计）为 5.83 吨二氧化碳当量/人，显著低于全国大中城市平均数值。与此同时，深圳能源生产、消费领域的主要大气污染物排放量也显著下降。在深圳市控制情景和深圳市与珠三角、珠三角外区域联合控制情景下，以及不同气象条件下，深圳市均可于 2020 年实现 $PM_{2.5}$ 年均浓度低于 $25\mu g/m^3$ 的目标。这意味着，通过实施气候变化与大气污染的协同治理，深圳能够率先于 2020 年实现碳排放达峰和空气质量达标的协同治理。

　　另外，应当注意的是，深圳外调电力碳排放在城市碳排放总量中占比相当大，空气质量也受周边大气环境的显著影响。因此，无论是碳排放减排还是空气质量改善都不仅取决于深圳自身行动，还依赖于周边城市的共同努力，需要积极促进区域协同协作的低碳发展和大气污染治理。

第9章 粤港澳大湾区生态环境
协同治理与绿色发展

习近平总书记在深圳经济特区建立 40 周年庆祝大会上的重要讲话指出，积极作为，深入推进粤港澳大湾区建设。粤港澳大湾区建设是国家重大发展战略，深圳是大湾区建设的重要引擎。粤港澳大湾区作为我国改革开放的先行地区，是我国重要的经济中心区域，世界知名的加工制造基地和出口基地，世界产业转移的首选地区之一，已具备建设世界一流湾区的基本条件，但也面临着经 30 多年发展遗留下来的复杂的资源、环境、生态等问题。旧金山湾、纽约湾、东京湾等发达国家的成熟湾区在发展历史上也同样遇到相似的生态环境问题。有必要汲取国际大湾区高速经济发展以致生态环境遭到破坏的惨痛教训，学习其循环经济与绿色转型的成功经验并联系实际，创造弯道超车的机遇，落实世界一流湾区建设，实现让人民满意的永续发展。

9.1 粤港澳大湾区协同治理与绿色发展的政策建议

2019 年 2 月 18 日，在国务院印发的《粤港澳大湾区发展规划纲要》中，绿色发展观念贯穿全文。粤港澳大湾区通过绿色产业转型、绿色金融合作、交通领域一体化绿色改造等方式实现绿色发展的空间巨大。建设大湾区碳资产及碳交易统一大市场是绿色发展推动经济转型的重要抓手，新能源汽车、先进装备制造、新材料等清洁能源和节能环保产业的集聚和发展有助于粤港澳大湾区绿色发展，创新型产业集群的培育和发展是粤港澳大湾区绿色发展的一个重点。

9.1.1 粤港澳大湾区协同治理问题

粤港澳大湾区协同治理即为粤港澳跨区域环境治理。客观上由于地域分布广阔，涵盖两个特别行政区，环境治理对象涉及范围广，流动性极强；主观上因为行政分界明显，行政区间竞争激烈，缺乏相应的整体意识与合作机制，其利益相关者众多，所以易导致环境治理的"公用地悲剧"和以邻为壑的地方保护主义现象。大湾区区域政治制度的特殊性，也给跨域环境治理带来了新的挑战。

与京津冀、长三角等城市群相比，粤港澳大湾区环境质量相对较好，但距离世界级水准还有较大的差距。与国际先进湾区相比，粤港澳大湾区的生态环境质量是其发展的一个突出短板，从粤港澳大湾区绿色发展及区域协同治理的角度来看，湾区还存在着诸多问题。例如，缺乏跨区域生态合作顶层设计。地理边界的连接、生态系统的整体性和环境影响的关联性，决定了湾区生态环境必须作为一个共同体来统筹考虑。由于我国现行管理机制的条块分割，"一个国家、两种制度、三个关税区"的特殊格局，湾区城市之间资源要素流动和相互协作较为不足，进而导致各地环境治理必备的资源和信息未实现互通共享，各地区、各尺度的生态环境保护规划、目标、标准等难以统一，继而导致大气质量改善、跨界水污染治理、近岸海域保护等跨行政区环境问题改善效果不尽如人意。由于城镇和工业区连片密集，污染负荷不断增加，且历史欠账较多，湾区环境污染问题呈现出明显的区域性、复合性的整体格局，特别是行政区交界地带成为"生态重灾区"。

跨域协同治理的重点在于解决好政策在区域内的偏差以及在执行层面"各自为政"的治理现象。跨域治理问题由于涉及对象的广泛和治理主体的多元，导致了政策的制定及执行相较于一般的公共管理活动更为复杂多样。在大湾区内，利益相关者不仅局限于粤港澳三地政府，湾区的内地九市同样是次级利益主体。在政策与行政的协同方面，稍有不慎，就会出现"上有政策，下有对策"的管理失灵现象，以致湾区出现公共部门间的零和博弈现象。政策制定层面的失调将会导致行政活动的无序化，行政行为的杂乱无章亦会影响到区域内的政策认同，甚至执行乏力。

法律冲突是粤港澳大湾区区域协同治理面临的重要问题，在三地三种不同法律制度下开展的区府合作和经贸合作，不仅仅存在静态意义上的民商事、经济管理等方面的法律制度冲突，更存在三地在立法权、司法权和执法权行使上的冲突，由此造成广东省甚至国家层面的区域规划仅仅是把港澳地区作为影响因素进行考虑，无法征求港澳地区的意见，而港澳地区带有区域战略方面的规划也难以征求广东省的意见。经过多年的探索实践，粤港（粤澳）已构筑了"行政协议+联席会议+专责小组"的协作治理机制，在区域协作治理中发挥了重大作用，也取得了良好成效。但受"一国两制"制度的影响，粤港澳三地合作的制度条件仍然停留在以行政协议为主的政策导向型机制层面，缺乏立法先行的法治推进型合作机制，制约着粤港澳大湾区的融合发展。法律冲突的产生多涉及行政方面的问题，并不属于本章内容要阐述的观点，故在本章后续内容中不再提及。

9.1.2 粤港澳大湾区环境问题

随着我国对外开放力度不断加大以及"一带一路"倡议的推进，我国船舶航运业取得长足发展，在给粤港澳大湾区贸易运输带来便利的同时，也给区域空气和海水质量改善带来巨大压力。近岸海域是具有较高生产力的生态系统，对地区的经济发展和生态保护十分重要。粤港澳大湾区近岸海域水质较差，基本上劣于第四类海水水质标准。

从能源使用角度来看，香港特别行政区等城市目前可再生能源发电还非常有限，清洁电力依赖输入核电。澳门特别行政区终端能源消费量自 2009 年以来持续增加，几乎 100% 都来自化石能源或外购电，清洁低碳能源发展几乎没有起步。《珠三角城市群绿色低碳发展 2020 年愿景目标》中提出，2020 年，非化石能源占能源消费总量比重提高到 26%，清洁能源使用状况较为严峻。澳门特别行政区博彩酒店业发达，用能方式相对粗放，目前仍没有设置强制性的节能减排目标，节能工作仅仅是自发行为，有很大的节能空间。粤港澳地区跨城市间的轨道交通系统有待完善，目前私家车使用率较高，公共交通方面降低能耗潜力巨大。

从大气污染状况角度来看，由于区域内资源与能源的消耗较大，珠三角地区大气环境质量总体下降，酸雨发生频率较高、臭氧浓度高、灰霾天气频发。粤港澳大湾区初步构建了政府间环境合作的行动框架，环境合作不断拓展和深化，并取得了一定的治理成效，但是粤港澳的区域大气污染联防联控工作仍徘徊在技术协作层面，三地依然按照各自的法律法规和行政举措对区域大气污染进行治理，这种合作方式缺乏长效的保障机制。

9.1.3　国际先进湾区经验

世界三大著名湾区分别为纽约湾区、旧金山湾区和东京湾区，而粤港澳大湾区则是世界第四大湾区。就国际先进湾区的发展过程而言，湾区的形成均以港口码头相关行业为主，后逐渐分化成不同的发展道路，但大都经历过较为严重的污染问题，并经过富有成效的规划和控制措施，使得空气和海水质量持续不断改善。

国外的先进湾区建立区域统筹机构，通过顶层设计和统一规划在区域联防联控上取得了重要进展。以旧金山湾区为例，湾区空气质量管理区是美国最早成立的区域性空气污染治理机构，打破了湾区的行政边界，统一负责制定规划、政策、执行和监管等工作，以满足联邦、加州和当地的法律标准要求，持续不断地改善湾区空气质量。值得一提的是，加州基于其社会经济发展和环境保护的需求，制定了比联邦标准更加严格的地方环境空气标准，持续引领大气污染控制技术创新和防治政策改革。

纵观国外湾区污染控制措施，大气污染物排放量的下降与能源结构的转变以及煤炭消费量的减少密不可分。例如，纽约湾区在能源结构方面不断朝着更加清洁化的方向发展，不仅提高了天然气、核电和可再生能源等清洁能源的利用比重，而且减少了煤炭在能源结构中的比重，使常规污染物浓度得到了显著降低。尽管粤港澳大湾区近年来能源结构持续改善，清洁能源比例显著增加，能源利用率不断提高，但是能源消耗总量的增加依旧带来了新的污染增量和污染防治压力。从能源消费情况来看，粤港澳能源消耗总量仍在不断上升，燃煤在能源消耗总量中占比较高，显著高于国外湾区。

国外湾区很早就开始重视挥发性有机物排放控制。美国通过编制分行业控制措施指南、从产品入手控制有机溶剂挥发性有机物排放、强化末端治理等措施对工业挥发性有机物排放进行控制。同时，旧金山湾区通过实施一系列全世界最严格的机动车排放控制技术和管控措施，使得移动源挥发性有机物排放由 1990 年的 430 吨/天下降至 2011 年的 81 吨/天，贡献占比由 55% 下降至 30%，取得了良好的控制成效。

9.1.4 《粤港澳大湾区发展规划纲要》中的方向

《粤港澳大湾区发展规划纲要》指出，要优化能源供应结构，大力推进能源供给侧结构性改革，优化粤港澳大湾区能源结构和布局，建设清洁、低碳、安全、高效的能源供给体系。大力发展绿色低碳能源，加快天然气和可再生能源利用，有序开发风能资源，因地制宜发展太阳能光伏发电、生物质能，安全高效发展核电，大力推进清洁煤炭技术发展，并高效利用，控制煤炭消费总量，不断提高清洁能源比重。

挖掘温室气体减排潜力，采取积极措施，主动适应气候变化。加强低碳发展及节能环保技术的交流合作，进一步推广清洁生产技术。推进低碳试点示范，实施近零碳排放区示范工程，加快低碳技术研发。推动大湾区开展绿色低碳发展评价，力争碳排放早日达峰，建设绿色发展示范区。推动制造业智能化、绿色化发展，采用先进适用节能低碳环保技术改造提升传统产业，加快构建绿色产业体系。

推进能源生产和消费革命，构建清洁低碳、安全高效的能源体系。推进资源全面节约和循环利用，实施国家节水行动，降低能耗、物耗，实现生产系统和生活系统循环链接。实行生产者责任延伸制度，推动生产企业切实落实废弃产品回收责任。培育发展新兴服务业态，加快节能环保与大数据、互联网、物联网的融合。广泛开展绿色生活行动，推动居民在衣食住行游等方面加快向绿色低碳、文明健康的方式转变。加强城市绿道、森林湿地步道等公共慢行系统建设，鼓励低碳出行。推广碳普惠制试点经验，推动粤港澳碳标签互认机制研究与应用示范。

纲要已为大湾区绿色发展给出了努力的方向，作为"一带一路"的战略支点、自由贸易港建设的重点港口群，粤港澳大湾区发展过程中迫切需要从湾区的整体角度进行联防联控、协同治理，注重解决能源利用、大气污染和碳排放的相关问题，推广绿色金融合作，促进区域交通一体化，倡导绿色健康生活等。同时又要倡导绿色行为规范、培育绿色产业体系、布局节能环保项目、开展湾区清洁美丽计划等促进绿色产业发展以及生态环境改善的措施。

本章后续内容以区域可再生能源发展、区域大气污染联防联控、区域交通一体化和低碳交通系统体系建设、区域绿色产业与绿色金融发展四个角度作为展开点深入探讨粤港澳大湾区实现生态环境协同治理与绿色发展应采取的系列措施。

9.2 区域可再生能源发展

虽然粤港澳大湾区在可再生能源开发利用方面取得了很大成绩，但可再生能源发展仍存在不少问题。例如，可再生能源发展的政策体系不够完整以及激励机制不到位；可再生能源的开发与利用技术同国外先进技术水平差距较大；没有形成支撑可再生能源产业发展的技术服务体系等。粤港澳大湾区应发挥政府的职能作用，大力发展海上风电，大力推动可再生能源项目建设，优化能源结构和布局。推进能源发展合作，加强粤港澳经济、能源领域合作，深化与国家和地区能源基础设施的互联互通和多边能源合作。推动新技术研发和推广应用，带动大湾区能源产业转型升级，加快发展可再生能源产业。

9.2.1 发展风力、水力、光伏发电

粤港澳大湾区产业聚集度高、经济发展快、能源需求总量大。预计至 2025 年，大湾区全年全社会用电量将达到 7 000 亿 kWh，用电最大负荷达到 1.2 亿 kW。在

碳中和目标下，传统煤电逐步退出发电领域，大湾区应因地制宜，大力推动建设风、水、太阳能等可再生能源发电项目，以低碳甚至零碳的发电过程满足大湾区日益增加的用电需求。

（1）发展海上风电

临海是湾区的最大特征，经济发达是湾区的最大优势。海湾的海上风力资源取之不尽用之不竭，存量大，质量好，可再生，海上风电开发和大风机高端装备制造，可以在粤港澳大湾区产生以新材料、新技术为代表的世界级新兴产业集群，成为湾区产业体系新支柱。因此，湾区能源布局应把海上能源建设列入海洋经济规划，并成为主要构成部分，大幅提升海上能源在粤港澳大湾区能源结构中的占比。

对于海上能源开发成本较高的问题，要把新能源对环境保护的贡献方面进行综合考虑，当清洁能源的发展进入产业化、规模化和商业化发展阶段时，其综合成本肯定要低于化石能源。尤其欧洲，已将海上风电作为新能源发展的主要方向之一，现在德国、英国风电价格已经实现平民化。发达国家的经验告诉我们，这一步必须走，晚走不如早走。

（2）积极推进水电发展

大湾区水力资源丰富，加快推进水电发展，统筹水电开发进度与电力市场发展，促进水能资源跨区优化配置。深化抽水蓄能电站作用、实行区域电网内统一优化调度，进一步推进水电的发展。

（3）大力开发太阳能

大湾区毗邻我国南海，属冬暖夏热地区，太阳能资源丰富，可以大力开发太阳能等可再生能源，以及天然气等分布式清洁能源的互补利用，从而更大程度上弥补能源需求增长的不足，推动太阳能多元化利用。继续推进太阳能在城乡应用，创新光伏的分布利用模式，有序推进大型光伏电站建设。

9.2.2 可再生能源投资的政府支持

由于可再生能源项目的交易成本和投资成本较高，在可再生能源规划和试验阶段内，政府可以对可再生能源项目投资进行扶持与激励政策，激励可再生能源运营商提高可再生能源发电的装机容量，并且有效地降低项目的投资成本，增加项目投资者的经济利润。

（1）投资补贴

政府可以对利润较低的可再生能源技术进行投资补贴，一般可以分为按装机容量进行投资补贴和按绿色能源发电量进行投资补贴。政府对可再生能源项目装机容量进行投资补贴主要影响可再生能源电力供应，一般在可再生能源技术尚处在研发试验或经济效益较低阶段内进行。当可再生能源技术推广使用熟练后，投资补贴就可以逐步降低和撤销。应特别加大海上风电、太阳能及海洋能发电项目的投资补贴力度。

（2）软贷款

软贷款也是一种投资补贴形式，可再生能源项目投资者可以直接从政府专项资金或特定绿色基金中直接或间接获得利息补贴。由于商业贷款利息较高，可再生能源技术项目具有较高的投资和运营成本，投资者只要符合相关标准，就可以获得利息补贴，享受更低的贷款利息，以降低成本。由政府和企业出资共同组建绿色基金，对偏远农村和小规模项目进行无利息贷款或资金扶持，鼓励可再生能源技术推广使用。海上风电、太阳能和海洋能发电等可再生能源发电项目的投资与运营成本较高，政府专项资金或绿色基金应给可再生能源发电项目提供较低或零利息的优惠政策。

（3）发展碳汇交易等区域生态产品交易平台

通过市场机制和多元化的补偿方式，实现生态资产的价值增值，促使生态资源转化为生产要素。粤东西北地区森林资源丰富，宜林荒山较多，发展森林碳汇潜力巨大。发展森林碳汇不仅可以增加森林蓄积量，固碳释氧，而且能为发展山区生态产业助一臂之力，有利于多渠道开辟生态补偿的资金来源，提高民间资本投资于生态环保产业的积极性，促进粤东西北地区的绿色产业崛起。

9.2.3 可再生能源生产的政府支持

目前绿色可再生能源电价有关政策：水电、核电、陆上风电及生物质发电价格已执行标杆上网电价，海上风电、太阳能及海洋能发电实施政府指导、招标定价，但招标价格波动较大。大湾区海上风能、太阳能及海洋能具有丰富的资源优势，如何促进以市场为基础的可再生能源开发与推广使用，是降低碳排放量和实现可再生能源规划目标的战略举措。

（1）减免税收

各区域政府可对可再生能源开发利用相关项目在所得税、增值税等方面实施税收减免政策。譬如可再生能源生产商以绿色许可证数量作为减免企业所得税的依据，电力生产商产生绿色许可证数量越多，可以获得减免税收的金额越多，直至企业所得税全部抵减。制定不同阶段内可再生能源发电技术的税收优惠政策，如对较为成熟的水电、核电技术，政府可以降低税收减免力度，而海洋能及地热能等发电技术尚处在研发试验阶段，政府可以加大减免力度。政府也可以对使用可再生能源的企业或用户实行所得税收减免政策，激励能源用户端。

（2）自愿契约行动

政府可以成立绿色专项资金，专门用于扶持绿色可再生能源的公众认知、信息传播、公众宣传，以及提供可再生能源发电技术推广使用资金等。支持电力终端消费者建立使用绿色可再生能源信用卡，鼓励商业组织机构加入绿色商业联盟行动。除价格优惠外，还可对凭借绿色许可证信用办理住房贷款或保险等业务给予优惠。

（3）绿色许可证市场开发

通过改革逐步形成绿色低碳发展的市场体系，让市场机制在低碳转型方面发挥更加重要的引导和调节作用。进一步改革能源价格形成与调节机制，一方面，重点推进上网电价和销售电价的市场化改革，形成有效竞争的能源价格体系；另一方面，继续对清洁能源和非化石能源的上网电价实行财政补贴，并通过碳交易机制鼓励电网优先收购低碳电力和非化石能源电力，推行节能低碳电力调度。

9.2.4 推进可再生能源产业发展

(1) 实现可再生能源产业立体布局

政府应主动对接大湾区能源发展需求，根据区位优势、能源优势、生态优势找准可再生能源产业定位，科学布局本地区的可再生能源产业体系。根据自身资源禀赋，优化能源供应结构和布局，建设低碳、安全、清洁、高效的能源供给体系。强化政策互通、产业共建，着力构建与大湾区功能互补、合作共赢的区域发展格局。继续坚持发展氢能、风能等优势产业，加快发展太阳能及生物质能等产业，培育储能及智慧能源等新兴产业，实现可再生能源产业的立体布局，同时注重对可再生能源产业应用市场和可再生能源产品开发制造产业发展两手抓，实现应用和制造同步发展。

(2) 发挥政府职能，打开"绿色通道"

政府应该发挥引导职能，通过各种途径，大力宣传可再生能源产业知识和各种优惠政策，让绿色智慧、节能低碳的生产生活方式深入人心。为绿色产业打开"绿色通道"，全面提升对外吸引力和综合竞争力，促进可持续发展。加大企业对可再生能源产业政策制定的参与度，培育壮大可再生能源龙头企业，成立可再生能源企业行业协会，定期召开可再生能源企业年会，听取企业发展过程中遇到的问题，帮企业打开发展瓶颈，为企业壮大发展创造条件，让企业参与可再生能源产业政策的制定。

(3) 当好可再生能源产业市场引导者和服务者

通过各种宣传途径把绿色环保、低碳生活的理念融入人们的日常生活中，引导扩大市场对可再生能源产品的需求。可以定期举办"可再生能源产品团购会"，提高社会影响力，将需求集中。政府在团购会中主要起平台搭建、质量监控、售后服务跟踪的作用。以分布式光伏项目为例，地区对光伏产品的需求比较分散，个体的需求由于很多时候得不到足够的专业市场信息或专业技术服务，容易产生纠纷或售后服务方面的问题，很多用户都会选择放弃或者延后安装。应该通过加大宣传和提供从购买到售后的一条龙专业服务，让个人和本地企业无后顾之忧。

9.2.5 人才与知识引领可再生能源发展

（1）做好可再生能源产业人才培养和储备

积极打造有利于人才集聚和施展才能的平台，完善人才工作机制，提升人才服务水平，把大湾区打造成为集聚海内外高层次人才的"国际人才港"。定期进行人才市场情况调研以完善引才政策，让政策真正吸引所需人才。与粤港澳大湾区权威行业协会和龙头企业建立联合培养人才的合作，定期选派骨干人员进行深造学习，加强科研合作，建立高端人才队伍。

对于和可再生能源产业相关的专业技术技能人才的培养，具有相关专业的学校可以对光伏发电技术、风力发电技术、可再生能源汽车等方面的专业技术人员进行培训，作为可再生能源产业人才培养的基地，培养可再生能源产业的高素质劳动者和专业技术技能人才。对于现有的人才，要完善人才发展和鼓励机制，给予必要的技术和资金的支持，激发他们的创新激情和工作潜力。

（2）构建可再生能源科技创新平台

粤港澳大湾区将建成国际科技创新中心，构建开放型融合发展的区域协同创新共同体，将成为全球科技创新高地和新兴产业重要策源地。应建立以政府为依托、市场需求为导向、产学研深度合作的可再生能源技术创新体系，完善相关的制度，努力营造鼓励可再生能源产业创新创业的政策氛围。同时创新机制建设、完善政策环境，建立创新成果转化平台和途径，促进科技成果快速转化。强化创新驱动，发扬敢为人先的岭南精神，在全社会营造崇尚创新、宽容失败的良好环境，使创新人才脱颖而出、创新效益充分显现。应加大知识产权保护力度，对于违反知识产权的个人和企业，提高违法代价，惩罚与保护并重。以可再生能源科技创新平台为依托，开展立足以"低碳环保，智慧生活"为基础的可再生能源智能化产品发明设计大赛和可再生能源产业创新创业大赛，并提供大赛成果转化渠道和平台。

（3）开展可再生能源产业发展论坛会议

以粤西北地区为例，粤西北地区利用其氢能产业位于全国领先水平的发展基础，邀请全国和粤港澳大湾区的知名龙头企业、行业协会、知名专家，定期举行粤西北地区可再生能源产业发展论坛，根据粤西北的可再生能源产业发展最新实践情况，针对最新的可再生能源产业发展形势，开展粤西北地区可再生能源产业发展战略研究，为粤西北地区可再生能源产业发展献计献策，为整个粤西北地区的可再生能源产业布局做出了贡献。同时扩大粤西北地区在可再生能源产业的影响力，将粤西北打造为生态建设发展新高地，更好地发展可再生能源产业，更好地为大湾区服务。

9.3 区域大气污染联防联控

2019 年中共中央和国务院印发的《粤港澳大湾区发展规划》更明确具体地提出推动粤港澳大湾区的生态文明建设，强化区域大气污染联防联控，实施更严格的清洁航运政策，实施多污染物协同减排，统筹防治臭氧和细颗粒物（$PM_{2.5}$）污染。

9.3.1 区域大气污染联防联控的挑战

随着粤港澳三地大气污染防控政策的逐步完善以及各种控制措施的持续实施，大湾区内火电、水泥、陶瓷等高能耗的污染企业不断搬离，区域空气质量逐年改善。根据亚洲清洁空气中心 2016 年给出的数据，珠三角地区空气质量继续领先，6 项污染物已全面达标。在获得这些成就的同时，也要意识到区域性大气复合污染治理难度不断增加，粤港澳大湾区大气污染联防联控还面临着许多挑战。

（1）区域性复合性大气污染物控制与治理面临巨大压力

虽然粤港澳大湾区空气质量优于长三角和京津冀地区，但在气象条件较为平稳的冬季，也会出现雾霾天气，大湾区对于雾霾的主要危害成分——$PM_{2.5}$的控制处于初期，是区域联合防控的一大难题。挥发性有机物（VOCs）的控制和治理也是粤港澳大气环境治理的难点之一。排放源清单数据显示，2006—2015年珠三角地区VOCs排放总量增加了33%。VOCs种类繁多，来源复杂，对VOCs的科学研究不能满足大气环境治理改善的管理和决策需求，如缺少权威VOCs污染源排放清单、本地的VOCs源成分谱、适应粤港澳大湾区常规大气污染物变化与影响因素研究特点的成熟VOCs控制技术和管理方法体系等。粤港澳空气质量监测网络数据显示，2006—2018年臭氧年均浓度上升了21%，尚未进入下降阶段。而且，2018年珠三角地区首要大气污染物为O_3-8h，按照国外湾区臭氧的评价方法，粤港澳大湾区O_3-8h第四大值高达226μg/m³，远高于其他三个湾区水平。

（2）粤港澳区域大气污染"跨境"治理的体制瓶颈

粤港澳三地政府之间不仅在行政上没有统属关系，对大气污染治理导向的认知和把握也存在差异，所采取的治理措施、力度和效果差别较大，目前还难以做到"资源共享、责任共担"。例如，港、澳地区执行的O_3-8h标准限值虽然与国家环境空气质量二级标准限值（160μg/m³）一致，但为了应对突发情况和极度不利扩散条件，设置了允许超标次数。这不仅加大了三地各自的大气污染治理成本，也难以有效应对区域性的大气污染。除此之外，粤港澳三地目前在移动源、港口和船舶污染控制重视程度以及防治力度上存在明显差异。目前的联合防控模式仍然属于三地政府主导的协商治理与区域协作，缺少统一的空气质量管理机构统领并制定规划和实施监管，缺乏法律和制度的刚性约束，在实际操作过程中也存在不少亟待解决的障碍，湾区仍未达成统一的防治措施。由此可见，粤港澳大湾区距离建立"统一规划、统一监测、统一标准、统一防治措施"的区域联防联控机制仍有很长的路要走。

（3）缺少区域统一的权威机构

粤港澳大湾区的大气污染协同防控尚无权威的区域型组织机构来推动和支撑。由于缺乏与美国和加拿大跨境大气环境合作所指定的类似国际联合委员会这样的区域型大气环境合作核心支撑机构，过去粤、港、澳三地的跨界大气协同防控均依靠三地各自的研究和咨询机构提供技术支撑，并只能通过机构的所在地政府提出加强区域合作的建议。实际上，此类建议往往重在强调和反映粤、港、澳三地在各自地区的独立调查研究或从各地区自身利益角度出发提出的意见，区域一体化视角不足，很难从粤港澳大湾区整体利益最大化的角度提出更加有效的协同合作建议。尽管粤、港、澳构建了以联席会议为核心的合作机制，建立了环保合作小组及其下设的大气专责小组，但由于联席会议和专责小组的政府间的合作体制实际上完全依托于参与各方政府，粤、港、澳合作基本上仍属于跨界政策协商，三方统一认可且有区域权威的综合决策和监督执行机构依然缺位。

9.3.2 多种大气污染物的防控

大气污染问题的产生会受到诸多因素的影响，且空气污染物传播极易发生变化，气流、季节以及地形等都会对其产生巨大的影响。在进行大气污染治理时还应充分利用大数据分析的优势将其应用至大气污染治理工作当中，对区域间大气污染扩散关联因素进行分析，加强检测、预警、控制能力，建立并完善激励和许可证机制。

（1）进一步增强空气监测和预警能力

建立污染减排监管体系，对实施污染控制措施时企业的污染减排措施落实情况、减排量等进行监控。加强区域大气污染监测方面能力建设，以大气污染防治为目标建立光化学、辐射监测网络。建立环境质量及生态资源自动监测网络，形成一个集中管理的自动监测管理平台，实现各监测站点的自动维护控制、监测数据收集。整合各地区的重点污染源在线监控系统，实现对重点污染源的实时动态监控。

进一步强化预警预报能力，提高预警预报的准确度、精细度，丰富污染预警预报手段，为区域和城市应对污染提供可靠的技术支撑。实现环境风险预警，根据实时监测数据，对超标污染物和引发污染的污染源进行预警预报。同时根据对现有环境数据的分析进行趋势预判，识别潜在风险。

（2）不断加强污染源控制能力

大力开展废气污染源治理，持续推进源头替代工作，对共享喷涂、活性炭再生中心等可行经验加以推广及扶持。深化污染源研究，建立 VOCs、移动源等污染源排放清单，摸清本地生成和外来输送的贡献、不同行业及不同污染源的贡献、人为源和天然源的贡献，实现精准科学治污。进一步深化机动车污染管控，针对类型车辆实施更精准的管控。继续推广 $PM_{2.5}$ 污染防治的成功经验，在"十四五"期间持续做好 $PM_{2.5}$ 污染防控工作。全面深化联防联控，统筹防治臭氧和细颗粒物污染，重点加强挥发性有机物和氮氧化物协同控制，严格控制煤炭消费总量。对 VOCs 和氮氧化物协同减排作进一步深入研究，寻找出本区域的协同减排合适比例，根据研究成果对污染控制措施进行落地，使臭氧进入下降通道。

（3）加强污染防治激励机制

在对区域大气污染治理工作进行创新时，从正激励和负激励两个角度出发制定相应的大气污染防治激励机制，对于遵守法律法规的企业以及个人给予经济激励，而对于轻视环境保护法律法规的企业以及个人加大处罚力度。对于通过产业调整降低生产过程中污染排放的企业应当给予一定的经济补助，或者从税收方面给予优惠。在合理的激励机制下，企业会积极对自己的生产模式进行调整和优化。完善大气污染联合防治的激励机制，推动污染高风险性产业的转型升级，通过跨区域的政策安排，激励三地加强大气污染防治合作；健全区域间补偿机制，探索建立粤港澳大气污染防治共同基金，用于污染落后产能的退出补偿、新能源使用补贴和节能减排市场主体的培育等。

（4）建立固定源排污许可证制度

实施区域大气固定源排污许可证制度，探索建立基于区域空气质量改善的固定源排污权交易制度。由大湾区空气质量管理常设机构主要负责对纳入到区域空气固定源管理范围内的排污单元进行区域性排污许可证管理。具体在执行全国及省（自治区、直辖市）等层面的许可证管理要求基础上，实施基于大湾区空气质量改善为目标的、更为严格的固定源排污许可证执行要求。区域性空气固定源排污许可证制度是确保跨区域大气固定源连续达标排放和提升其排放控制水平的基本手段。政府可根据排污单位减排技术升级，不断减少跨区域空气固定源排放总量配额，从而循序渐进地促使辖区内所有排污单位实现整体污染控制技术的升级，最终通过经济刺激型手段实现大湾区空气质量的持续改善。

9.3.3　打破体制瓶颈

粤港澳大湾区大气污染治理的体制机制主要采用嵌入式合作网络机制。嵌入式合作网络机制，指地方政府在紧密的社会、经济和政治关系的基础上，通过面对面的多边协商方式来制定合作协议，达成合作。紧密联系的网络关系不仅能减少责任推卸、增强可信承诺，还能最大限度地保留地方自治权。现阶段粤港澳大湾区大气污染治理主要采用以行政协议、区域规划为主的嵌入式合作网络机制。但嵌入式的两两合作并不能达到区域统一治理、联防联控的效果，只能作为过渡。

（1）探索"跨境"联合防治的法律保障

在"一国两制"框架下，目前粤港澳的法律制度尚未能有效衔接。三地围绕大气污染治理所签订的协议并不具备法律效力，缺乏刚性约束。可考虑赋予广东省政府就区域大气污染防治与香港特别行政区、澳门特别行政区签署政府间协议的权限，实现国家治理框架下区域大气污染联合防控的法治保障。三地可在不与国家法律以及各自地方性法规冲突的情况下，签署既有合同性质又具备法律效力的大气污染防治协议。

（2）统一标准，加强合作

在现有的防控体系中，粤港澳三地都有各自的空气质量评价指标。建议三地在技术标准方面突破政策壁垒，采用共同的空气质量指标体系。在国家大气质量评价指标体系的基础上，探索制定粤港澳大气复合污染排放的区域控制性指标。三地应进一步严格控制和落实区域大气污染物排放限值，实施比国家标准更为严格的大气污染物排放标准。

进一步完善监测网络监测因子方面的合作，建立区域内各城市大气污染物动态监测结果、数据库及联合发布平台；建立联合的区域空气质量预报预警中心，并制订具有可操作性、可评估性的大气污染防治联合预警和应急实施方案；对一些重点企业污染物的排放信息和治污设施运行等信息实行互通共享。

（3）联合开展区域大气问题研究

为加快推进大湾区空气质量改善，推动区域空气质量早日对标国际先进水平，粤、港、澳有必要联合开展关于大湾区大气污染成因和溯源、大气污染防治法规标准、中长期空气质量改善目标以及实施路线图的研究。通过深入研究分析和沟通协商，统一环境空气质量监测及考核评价指标体系，深化对区域大气污染成因及城市间相互传输影响的认识，逐步统一重点领域的管控标准规范，确立中长期目标，系统深化下一阶段的大气环境治理合作。

此外，高新技术对大气治理可以起到至关重要的作用，应调动各主体的积极性，尽快转化高科技、实验室成果，政府部门应予以相关政策的支持、注重专利技术保护等市场监管职责。对于财政支持的大气污染防治项目，如设立的众多高校及科研单位的联合课题基金等，应有效监督，定期考核，确保资源合理配置。

（4）建立区域重点项目共同评估机制

建立大气污染治理重点项目的政策考核及评估制度。对于评估机制的建立，可以参考借鉴欧美，特别是日本、韩国等东亚国家对于政府政策的评价方法和评估法案。建立具有资质专业水平的第三方评估机构，对于各项政策的制定、实施以及评审进行流程化管控、全程评估，动态考核执行的效果，可以随时终止或优化相关政策，从而避免环境部门对环境信息公开的不透明性。筹建大气污染防控的评估委员会，由各个城市环保部门和高校专家组成，实时交流各地区空气污染治理重点项目申报或治理方案等，由委员会协同评估。委员会负责重大事项的决策、协调各方利益等工作，并逐渐扩散推广到整个大湾区的大气污染防治工作中，最终形成全区域的联防联控评估机制。

（5）粤港澳大湾区大气污染治理的委托授权机制

委托授权机制有两种类型：一种是由更高层政府委托第三方权力机构开展协调工作，并提供资金等要素支撑，激励各地方主体参与合作行动；另一种是成立具有单一功能或多元功能的"特别区"，将原来涉及不同地理区域的跨界问题集中在一个具有特定功能的特区内，通过在这个特区内成立专门的管理机构，实现多元主体的利益协调和资源共享。

委托授权机制为从嵌入式的两两合作上升至区域统一的政府管理机制提供了良好的借鉴。未来可不断上升政府委托层级，提高受委托的第三方机构的影响力标准，当政府管辖层级可全部包含大湾区且第三方机构的影响力足够让大湾区内所有参与者认可和接受时，委托授权机制便可以上升为大湾区统一的授权机制，进行统一管理。

9.3.4　建立统一机构

（1）建立大湾区空气质量管理常设机构

针对目前大湾区区域性空气污染特征，解决的办法主要是控制跨区域范围内的远距离输送空气高架源、道路移动源的排放，这需要划定一个集合多个行政区的空气流域范围，并建立具有法律授权效力的空气质量管理机构对污染源实施统一管理，才能避免因不同利益群体的博弈导致空气质量管理效率低下甚至无效的现象发生。该机构的主要责任应包括：第一，组织人员力量，开展跨区域空气固定源及跨行政区移动源远距离传输调查评估工作，对辖区范围内纳入跨区域污染源管理范围的排污单元具有一定的行政审批、执法、监督和处罚的权力；第二，与单个城市政府进行合作，编制和执行区域空气质量达标规划；第三，具有对辖区内单个城市空气质量达标规划的审批权限，确保市级政府层面的达标规划满足区域性空气质量达标规划目标的实现。

（2）建立区域性大气问题的权威管理机构

在粤港澳大湾区合作从区域政府间自发推动上升到国家战略的当下，建议由国家推动三地政府共同设立或在区域综合事务管理机构下组建专门的区域大气协同防控委员会，作为区域性跨界大气污染防控的职能机构。三地政府应授予该委员会协调解决区域性大气问题相应的行政权力，形成区域性问题议事决策中高于大湾区内各城市的管理权威，具体负责粤港澳大湾区区域性大气污染防控的协调和决策，扩展和完善区域性监督执行所需的跨界监测、信息披露、规划制定、监督审查等职能，改进现行政府间联席会议框架下环境合作小组相对松散的体制和工作机制，增强和扩展区域跨界大气污染协同防控管理的权威性和行政权力。

（3）建立客观中立的技术支撑机构

为充分加强和完善区域性大气环境管制，非政府的第三方机构，特别是强有力的技术支撑团队具有重要作用。结合粤港澳大湾区的建设，建议推动建设三地共同参与、共同资助、独立运作的粤港澳大湾区环境实验室，并在该实验室中设立专门研究跨界大气环境事务的大湾区大气环境研究所，作为大湾区共同且独立运作的实体技术支撑机构。三方共同建设并独立运行核心技术支撑机构，有利于客观中立地从大湾区整体角度开展大气污染协同防控的区域性、战略性、全局性重点问题及跨界污染问题的调查研究，为大湾区大气环境保护的中长期发展规划、法律法规和标准衔接、重要大气环境保护措施的制定和实施提供科学基础及持续有效的技术支持。

（4）建立区域大气污染防治联席决策机构

根据当前大气污染治理决策信息机制存在的问题，完善决策信息机制、听证制度以及监督机制，建立决策责任追究制度。具体包括：第一，完善专家咨询及专家库动态更新制度。避免咨询专家的权威性受到权力制约而导致的形式主义。第二，确保监管的有效性及信息公开透明。多城市多部门主体的联防联控应在有效沟通基础上，加强决策透明化、信息公开化，依托发达的移动互联网技术，建立环境政策听证制度等，鼓励群众百姓参与到大气污染防治的各项工作中。在大气污染治理政策决策过程中，因政策决策不合理从而导致未完成预期目标的问题，应尽快予以处理，并更换相关负责人和调整政策制度。同时，可以接受相关平行部门、国内或者国际非政府性环保组织、公众媒体的监督。

除上述举措之外，对大气污染的治理关系着区域内的每一位居民，因此需要多个部门与公众的积极参与，这样才能有效实施大气污染区域联防联控措施。公众的积极参与在大气治理中具有重要作用，而在参与治理中需将其作用进行有效发挥。

要发挥群众的主人翁精神，要求相关部门通过媒体渠道加大宣传，并对环境的检测报告进行公示，这样才能逐渐提高公众对环境保护重要性的认识。同时，还要积极组建民间环境保护组织，通过民间组织加强对环境保护的宣传和相关的交流，并对一些环境保护技术与方法进行交流、推广，提高公众参与环境保护的意识，并能为政府的环境治理与保护工作提供积极的意见。

9.4 区域交通一体化和低碳交通体系建设

9.4.1 粤港澳大湾区交通一体化建设

2019 年 2 月 18 日，中共中央 国务院印发《粤港澳大湾区发展规划纲要》，要求构建高效便捷的现代综合交通运输体系。湾区建设，交通先行，推动大湾区交通基础设施互联互通和各类运输方式综合衔接成为粤港澳大湾区发展的首要任务。与此同时，行政管理壁垒造成区域共谋共建共享机制缺失，缺乏高层次的统筹协调机制，多方式协同治理和服务能力不足，服务差异造成交通服务标准和质量不一，乘客出行体验不佳，智慧化、一体化程度不高，"东强西弱"等问题是掣肘湾区交通一体化发展的主要障碍。

（1）区域交通管理一体化

建立大湾区平等政府主体之间的横向磋商与利益协调机制。激励城市群交通协同中处于发展劣势的政府主体参与城市群协同发展，达成城市群交通协同战略的共识。此外，支持开展大湾区跨行政区交通合作探索，消除区域交通市场壁垒，打破行政性垄断，加快探索建立规划制度统一、发展模式共推、治理方式一致、区域市场联动的湾区交通行业一体化发展新机制，建立区域协调发展评价指标体系，统筹推进交通基础设施对接合作、交通服务互联互通。

健全跨区域联合管控机制，综合监测大湾区重点营运车辆运行、驾驶行为、车辆违章等情况，实现动态跟踪，并统一处罚标准，实现湾区内精准执法和协调联动。建立应急机制和处置预案库，实现湾区快速协同应急，通过构建区域实时互联系统（如视频会议系统），制定区域基础设施、交通事故等应急处置预案，实时共享事件现场监测信息，第一时间联通区域应急救援部门，支撑分级预案自动匹配与多部门协同处置。

（2）构建湾区多元协同的交通规划编制体系

在大湾区城市群层面，建立与国家（省）层面规划、城市层面规划相衔接的大湾区交通规划编制体系，统筹落实国家战略意图，协调大湾区港口群、机场群、高快速铁路、高速公路等战略资源在城市群的空间配置，并重点针对城际轨道、市域铁路、跨市公交等城市交通层面难以落实的规划建设任务形成规划编制体系。推动大湾区交通规划体系法治化建设，确保相关规划工作的权威性和后续实施性。在整个规划编制组织体系中，需要由交通、环境、经济、产业、人文等多专业团队技术人员组成，建立行之有效的"编制-跟踪-反馈-修编"的长期优化调整技术路线，以滚动编制形式，确保近期目标的不断达成，实现面向远期目标的不断优化调整。

（3）打造"一站式"出行服务体系

未来交通将践行 MaaS（mobility as a service，出行即服务）的理念，整合大湾区多方式、跨城市交通信息与服务资源，形成"共享化""一站式"大湾区出行体验。将各种交通模式全部整合到统一的服务体系与平台，通过信息集成、运营集成、支付集成、优化社会资源配置，为用户提供"综合性-个性化"的全链条智慧出行服务。结合片区差异化出行需求，积极推动按需分配的"共享化"公交应用示范。打通多方式、跨城市数据壁垒，整合湾区内航空、轨道、城际客运的票务、发班、延误等跨城市交通信息，提升区域与城市交通的出行管理、客票预订、信息服务、一体支付等服务能力，打造湾区内"一站式"协同服务。例如由德国铁路局研发的 Qixxit APP，融合 21 个交通运营商服务，是第一个提供所有出行方式服务的系统，能根据用户需求提供各种出行方案和一体化集成支付。

（4）构建湾区智慧交通一体化发展体系

智慧交通系统具有见效快、全面、效果显著等优点，目前在我国很多城市中都得到了充分的利用，并取得了长足的发展。大湾区应从区域智慧决策、区域多元治理、区域管控协同等方面构建湾区智慧交通一体化发展体系，助力建成世界一流湾区。

区域智慧决策，构建区域级交通决策大脑，为湾区公共管理服务赋能。建设基于多业务场景策略预案库的大湾区赋能支撑平台核心支撑能力，实现数据驱动的智能认知和综合监测。制定面向多业务场景的综合交通业务策略预案库，支撑构建"高效、安全、协同"的智慧湾区交通环境。

区域多元治理，提升湾区交通综治整体精细度。以深圳为例，通过融合城市交通多源数据，构建道路交通拥堵治理、公交运行评估、慢行交通治理、实时信号控制与停车调控管理等交通综合治理体系，以点带面推动湾区东莞、惠州等地交通综合治理整体精细提升。加强交通拥堵治理，通过多源数据融合，制定拥堵治理策略。

区域管控协同，打造高效协同的综合运输管控体系。面向新时期大湾区跨区域交通一体化协同和重大节假日、重大活动、恶劣天气等特殊事件应急联动的新需求，基于多场景、多策略预警技术和大数据业务主题库分析技术，打造新一代交通运输智慧管控体系。

（5）建设智慧枢纽、发展智慧道路

新一代的智慧枢纽将以建立新一代集综合枢纽、商业、办公、居住、酒店等要素为一体的智慧综合体为目标。以深圳前海综合交通智慧枢纽为例，融合 WiFi 嗅探、双目摄像机和互联网等多源数据，基于 AI 分析实现关键区域、关键节点的人流动态监测，依托枢纽行人实时仿真和交通在线仿真技术实现客流快速疏散和多方式应急联动。

交通运输部办公厅《关于加快推进新一代国家交通控制网和智慧公路试点的通知》明确指出要推进新一代交通控制网及智慧公路建设。以深圳为例，通过制定道路智能设施配建指引和智能交通前端设施建设技术标准，积极推动侨香路、红荔路、光明马拉松绿道等智慧道路建设工程，为自动驾驶新型基础设施建设提前布局，并前瞻性推进城市自动驾驶道路开放测试和自动驾驶管理政策研究。应以发展新一代智慧道路建设为契机，建设"智慧路段+智慧路面+智慧路口"三位一体的新型智慧道路体系，搭建智慧道路在线管理平台，实现道路信息的数字化、可视化、物联化。

（6）强化西翼交通建设，主动对接

针对粤港澳大湾区交通基础设施"东强西弱"的空间格局，重点加强西翼城市的交通建设。要突出澳门特别行政区–珠海极点带动，构建以澳门特别行政区–珠海为核心的西翼交通基础设施布局。完善区域城市群交通运输体系，加强各城市交通规划衔接，强化各节点城市与中心城市的连通程度，打通各城市之间"断头路"。加快推进粤港澳大湾区城际建设规划重大项目，加快西翼城市城际铁路建设，有序推进西翼城市的轨道交通项目。开展合力协同建设，主动对接并积极借助广深港三大核心城市合作推动基础设施建设。建议在西翼城市高标准打造一体化交通网络，提升珠江西岸港口群和机场群的协同性，逐步整合珠江西岸港口群，推动建立一体化港口集疏运体系，推进干线铁路、城际铁路、市域（郊）铁路等引入澳门特别行政区国际机场和珠海国际机场，开展多式联运代码共享。

9.4.2 低碳交通体系建设

绿色低碳交通体系建设是今后的重点工作。目前大湾区在交通运输方面的投入比较大，政策规划及技术性的措施将作为日后绿色低碳交通的主要内容。在该体系的建设当中，要注意统筹与其密切相关的要素，注重各种运输方式比较优势的充分发挥，特别是加大对水运、铁路等低碳运输方式的扶持，加强对低碳交通技术创新、成果推广、规划制定、政府引导等方面的关注，优化城市运输结构，优先发展公共交通。

（1）统筹城市化、土地规划、汽车产业与低碳交通体系建设

吸取老城区的教训，避免复制交通问题。如果将老城区道路设施、空间布局、建筑密度、公共产品分布等不合理因素带进新城区，则意味着交通问题的复制和蔓延，低碳交通体系也根本无法建成。在城市化过程中，城市交通排放问题没有随之扩大，而低碳交通体系却随之延伸，这是建设低碳交通体系的高效途径。

做好职住行土地规划，通过多中心、集中型城市布局，在一定区域内满足城市居民的基本生活需求，减少出行需求，提升城市交通基础设施与设备的利用率。根据城市空间规划，优化城市交通线网及交通节点布局，实现快速便捷换乘，优化综合交通枢纽。促进产业园区的集聚和发展，完善周边生活服务基础设施、房屋居住配套。做好商业娱乐购物区域的规划，建立多个分散式的商业娱乐购物区，让城市各个区域的居民在附近都能进行娱乐购物活动。在产业集群区、居民居住区以及商业娱乐购物区等地覆盖准时、快捷的公共交通。

交通与产业的矛盾主要集中在汽车方面，而汽车关系到公共交通的发展和低碳交通体系建设的成败。从低碳交通角度来看，限制汽车是必需的；从产业角度看，汽车产业的重要性不言而喻。充分研究汽车产业对交通的近期和远期影响，寻求汽车产业与交通双赢的思路。二者各自独立发展，只能导致矛盾加剧和交通问题恶化。

（2）优化运力结构，发挥比较优势

进一步优化运力结构，强化综合运输理念。加快各种运输方式的无缝衔接，优化运力结构，促进不同交通方式以及城市交通之间的高效组织和顺畅衔接。构建以铁路为主导的各种交通运输方式协调发展模式，扩大铁路规模，提高铁路能耗在整个交通运输领域的比重。积极探索多式联运，进一步加大铁路、水路运输在多式联运中的参与程度，减少公路运输量，节能减排，推行绿色发展，积极开展甩挂运输、驼背运输、江海直达运输。同时加大公路和航空等领域交通工具的技改力度，加大对使用节能环保车和替代能源新式汽车的补贴力度。

（3）低碳交通技术标准与规划评价

交通运输业要按照生态文明建设的总体要求，切实抓好节能减排工作，走清洁化、低碳化的发展道路。出台行业节能减排的优惠政策，建立完善道路运输节能技术标准和考核体系，制定车辆燃料消耗指标。研究城市公共交通车辆等评定制度和燃料消耗量限值标准，推广节能驾驶方法，严把运输工具的准入关，凡是达不到限值标准的车辆一律不得从事运输。

城市绿色低碳交通规划评价过程中需要保证评价标准的直观性，包括绿色出行比例、绿色出行节能减排量等。在评价工作中需要采用多元化的评价方式，不能以单一的评价指标作为交通规划评价标准。城市绿色低碳交通规划体系构建可以从 3 个层次进行，包括交通的功能性、环境的保护性以及效益的综合性。

（4）推动低碳交通科技进步，促进成果推广

重视城市交通发展与节能减排技术的融合，创新交通节能减排技术。加强自主创新，加强政府部门、科研机构和社会组织之间多种形式的合作，打造产学研无缝连接，搭建协同联动的技术研发体系。创新低碳技术的研发模式，在科学研究的过程中加大低碳环保技术观念的创新。大力开发应用信息技术，积极推广节能减排新技术、新工艺、新材料的应用。设立低碳交通专项资金，开展专项行动。大力推进交通运输节能减排重大科技专项的组织实施，开展节能减排相关政策软科学研究。整合或继续划拨节能减排专项资金，重点支持交通运输节能减排项目，鼓励各区也建立和完善相应激励政策。

促进节能减排科技成果推广应用，发布包括节能减排技术在内的年度交通运输建设科技成果推广目录，启动节能低碳科技成果推广项目，深入推进节能科技示范工程的组织实施。地方政府还应该重视对于新能源技术等环保低碳技术的宣传与推广，以身作则运用相关技术与产品，并制定相关政策措施为该类产品在市场上的推广提供帮助，加强对各种低碳技术的推广和相关人员的培训与开发。

（5）交通体系全过程的低碳化

在交通基础设施的建设，节能环保运输装备的制造到集约高效交通运输组织体系建设、绿色驾驶与维修的推广，以及节能减排新技术的应用、智能交通运输系统建设等方面，将低碳理念覆盖到交通体系全过程。

在道路、港口、机场、城市管道等基础设施建设中采用节能环保材料和低碳关键技术。在城市道路、高速公路等线路通道配套设施中，大力发展以太阳能、风能、地热能等新型能源为基础的低碳关键技术。升级车辆和船舶等运输装备，使用新标准、新能源和清洁能源车船，淘汰老旧船舶、超标车辆。积极发展轨道交通，轨道交通列车采用动车混合编组形式，利用电气牵引的方式进行运行，运营时间稳定、投资少、运能大、土地利用率高，可以有效降低能耗、减少污染，是未来应大力推广的交通基础设施。

深圳地铁列车的内墙板采用陶瓷喷涂的铝板材质，该材料绿色环保安全，而且能重复利用，减少了对环境的破坏。以智能 MCC 为核心技术的变频节能控制系统，在运营的整个生命周期内可减少 70% 以上的耗能，实现了材料、控制和空间三方面的低碳化。

（6）政府引导交通结构，重视社会公众需求

优化城市交通结构，在城市交通规划中以公共交通为主、私家车交通为辅，保证交通结构的科学性。控制私家车的使用，是促进城市交通结构合理规划的有效途径和方式。交通控制需要以人为本，保证交通系统的科学性和便捷性，使人们在出行过程中选择公共交通的倾向性更强。例如，降低公共交通票价、提高城市停车费、提升汽车燃油费等措施都可以降低私家车出行量。

重视社会公众参与城市交通发展的重要性，落实以服务社会公众为宗旨的服务理念，保障城市交通低碳建设信息的透明化，从源头上对城市居民的交通需求进行科学引导。地方政府应该增强公众与城市低碳交通管理机构的互动，构建公众参与平台，使得社会公众得以在城市交通项目规划阶段的方案讨论中发声，在交通项目建设期对其进行监督，在验收阶段公众有权利对政府的工作情况进行查看。

（7）进一步促进公共交通和共享模式发展

"公共""共享"的交通方式本身具有占地面积小、耗能低以及污染小等优势。

以绿色低碳理念为指导，发展公共与共享交通是低碳交通体系建设的应有之义。地方政府应该完善与城市交通低碳发展相关的政策法规，明确规定相关行业协会、企业的义务与权利，营造一个良好的公共交通、共享模式的市场环境，从法律层面为市场监管提供最基础的保障。

在现代交通规划过程中，政府要积极引进绿色公共交通工具，要重视节能公共交通工具的研究，降低能耗，减少污染。进一步加快大容量公共交通基础设施建设，如轨道交通、公交专用道、快速公交系统等，加强城市慢行系统建设，如自行车、电动车专用道和行人步道等。建设多元化城市公共交通网络，使公交、出租车、地铁等优势互补，形成无缝衔接，提升公共交通网络的紧密性、高效性和便捷性。一般情况下，城市公共交通网络构建主要以环型、混合型、棋盘型以及主辅线型为主。不同类型的布线方式都具有自身的优势和不足，需要结合实际情况合理选择，保障不同线路间的优势互补。

进一步促进"共享单车""共享电动车""共享汽车"的发展。"共享单车""共享电动车"可以实现公共交通站点到居住区的衔接，解决出行最后一公里的问题。促进"共享汽车"快速发展起来，从长远来看，可以减少私家车的保有量，减少碳排放。政府应重视共享模式的推广和运行，完善行业制度与立法。

从现有的工作来看，实现低碳交通已经不再是一句空话，而是将很多工作都落实到了社会发展中，总体上取得的经济效益和社会效益是值得肯定的。在今后的工作中，需进一步健全低碳交通的体系、制度、政策、规划、条件等，促使我国的低碳工作水平不断提升。

9.5 区域绿色产业与绿色金融发展的政策建议

9.5.1 对粤港澳大湾区绿色产业建设的设想

发展绿色产业包括两大内涵，第一是传统产业的绿色化转型，特别是制造业、农业、能源等对环境影响较大的传统实体经济产业；第二是发展以环保产业、清洁能源、废弃物管理、旅游产业、文化为代表的新型绿色产业，区别于高能耗、高物耗的传统产业。其中，对于传统产业的绿色化改造任务最为紧迫。绿色发展空间最大，其具体可以从绿色制造、低碳转型、循环发展 3 个方面着手实施，以满足未来建设发展生态经济、低碳经济、循环经济的需求。

（1） 发展优势产业

绿色发展包括"绿色"和"发展"两个方面，"发展"是基础条件，依赖于"优势产业"的带动。国际三大湾区之所以可以实现经济快速发展，很重要的原因在于有优势产业的带动。"制造业湾区"——东京湾区具有京浜、京叶两大工业地带。"金融湾区"——纽约湾区，有举世闻名的纽约证券交易所、华尔街。"科技湾区"——旧金山湾区，是"硅谷"所在地，同时拥有谷歌、惠普、英特尔、苹果、甲骨文、雅虎等全球知名科技公司。粤港澳大湾区要想成为"综合湾区"，也需要发展自己的优势产业。各市要注重发展优势产业或特色产业，避免重复建设，实现错位发展。我国产业体系完善，粤港澳大湾区优势产品价值链上的多个环节或工序都可以由其他省市协助完成，自身不需要具有完整的产业体系，各个市更是如此。湾区应找出符合自身实际发展情况和远景的优势产业，打造属于自己的湾区品牌。例如，厦门市绿色康养产业的发展就是精准把握自身在湾区中的定位，抓住国家政策支持方向，利用绿色金融工具助力绿色产业链构建，以绿色产业发展反哺绿色经济的良好示范。

（2） 激活湾区发展潜力

国际上比较有名的湾区开发程度已经很高，与城市间的融合度也较强。而尚未充分开发的粤港澳大湾区很多地方仍是绿色一片，特别是珠西肇庆有着广阔的发展空间。珠三角 9 个城市中，肇庆是土地面积最大的城市，但当前的土地开发强度只有 6.2%，仅为珠三角平均水平的 1/3。除肇庆外，惠州等地也具有相当的发展潜力，湾区内其他各市和地区也应搭乘大湾区发展的快车，深入挖掘自身潜力，加强与先进城市以及港澳之间的联系，促进大湾区协同发展。

（3）坚持陆海统筹，有度有序合理开发海湾资源

陆地和海洋是一个紧密关联的整体，要以"十四五"规划和国家主体功能区规划为指导，统筹各类专项性规划，有度有序地开发利用海湾，可持续地推进湾区城市建设。要严格控制近岸海域开发强度和规模，保证深远海适度开发，防止人为割裂陆海联系和不计代价盲目开发海洋。要全面统筹、周密谋划，促进海陆两大系统的良性互动和协调发展，开创陆地文明与海洋文明协同发展的格局。建议湾区的沿海岸线建设沙滩和公园，设置环岛绿道，营造观水、亲水、戏水多种方式的海滨休憩体验。通过"溢流坝"的拦截和人工湿地的打造，将淡水资源保留在岛上加以净化和利用，形成独特景观、与外海域的开阔形成开合有度的格局。推进"蓝色海湾""南红北柳""生态岛礁"等重点工程，加强湿地保护和生态修复，建造海陆生态缓冲区。

（4）培育绿色产业体系

以湾区优质产业为抓手，推进生产方式绿色化，提高全要素生产率，逐步形成开放的经济结构和高效的资源配置能力，发挥引领创新、聚集辐射的核心功能，打造生态、开放、宜居、国际化的一流湾区绿色产业体系。以基于产城一体化的规划思路，以高端化、智能化、绿色化和服务化为导向，加快构建以低消耗、低排放、低污染为特征的现代产业体系。主打旅游会展、医疗保健、教育培训、外企驻地、近岸金融、电商基地、新兴科技、绿色与智慧等产业。要准确把握湾区城市的发展方向及重点，建立囊括人才、研发、产品、市场等各方面因素的绿色创新支撑体系，开展资源生态环境领域关键技术和前沿技术攻关，把绿色创新理念融入发展各领域各环节，推动绿色转型的持续发展。

（5）与现有国际合作机制对接

国务院对泛珠三角区域提出了全国改革开放先行区、全国经济发展重要引擎、内地与港澳深度合作核心区、"一带一路"建设重要区域、生态文明建设先行先试区五大战略定位。作为国家重大战略密集叠加的地区，湾区城市要找准国家重大发展战略叠加点，实现湾区城市发展与国家重大战略之间的有效衔接。紧密结合

"一带一路"、海洋强国等与 CEPA、"中葡论坛"等国际合作机制进行对接。例如，在运行机制上推动建立决策共商机制，建设协调人会议，负责具体绿色项目落地；在产业发展上着力推动金融与科技的融合，建设绿色金融和"云湾区"；在文化上促进融合共生，提升文化归属感和认同感，做实粤港澳大湾区建设的民意根基。

（6）推动乡村绿色产业振兴

坚持绿色发展理念，严格遵循生态经济发展和自然资源保护的规律，充分发挥不同区域农业的比较优势，扬长避短，以绿色发展理念谋划高效生态农业发展，推动乡村绿色产业振兴，打造特色农产品"生产—加工—经营"的产业园区，以特色产品维护生命力，以特色产品提高竞争力，以特色产品扩大影响力。创建高效生态农业示范县，依托县域特色与优势资源，打造绿色农业（林业、渔业）全产业链运营体系，把产业链主体（安全生产、高效加工）留在县域，让农民更多分享产业增值收益。立足县域产业布局与特色农产品产地初加工和精深加工，建设高效生态农业的优势产业园区、特色产业强镇、产业开发集群、生态食品新城。发挥农业多样功能，形成高效生态农业新集群。完善配套乡村基础设施，着力推进农村一、二、三产业融合发展，因地制宜创立高效生态农业科技创业示范园区，以产业开发示范园区为依托，形成并壮大在保护中开发与开发中保护的新兴产业集群，壮大种养加销联合体建设。

9.5.2 推进湾区绿色金融发展

无论是传统产业的绿色化转型，还是发展新型绿色产业，都需要一定的资金支持。区域绿色产业的发展离不开高新技术的进步，技术研发需要巨大的资金投入，因此应当加大对高新科技研发活动的资金支持。仅依赖自筹资金，则资金来源较为单一，难以支撑绿色产业从建立到发展成熟过程中对资金的需求。粤港澳大湾区绿色金融的发展可以给湾区内绿色产业的发展带来良好的支撑，同时也有利于湾区整体的绿色发展。

（1）推进大湾区绿色金融标准化体系建设

绿色金融标准是在"十三五"期间，我国金融业标准化体系建设的重点项目，大湾区发达的市场经济、成熟的资本市场以及开放的金融环境为绿色金融的发展和创新提供了良好的环境。

①制定大湾区绿色产业和绿色项目认定标准。简化整合内地和港澳现有的绿色企业（项目）认定标准，减少标准之间的交叉重叠，统一分歧。制定涵盖大湾区产业结构、符合大湾区特色优势产业发展导向的绿色产业和绿色项目认定标准，分别对大湾区企业、项目进行评审认定，从而建立大湾区绿色项目库、绿色企业库，判断其是否为大湾区现行绿色金融工具的具体支持领域，以及是否为大湾区特色优势产业范畴。

②建立大湾区绿色金融专营机构建设标准。大湾区绿色金融专营机构建设标准应以"定性指标为主、定量指标为辅"的方式，鼓励绿色金融机构以建设经营管理机制为主、以扩张绿色金融业务发展规模为辅，引导金融机构形成加快绿色金融转型的内生机制。大湾区绿色金融专营机构可以考虑从组织管理、政策制度、流程管理、内控管理、自身绿色建设、能力建设、绿色项目、绿色金融业务发展情况8个维度进行标准建设。通过赋予标准内各项指标不同的权重，明确绿色专营机构建设过程中的重点工作，引导金融机构在绿色专营机构建设过程中将这些指标涉及的领域确定为机构发展的重点。

③制定粤港澳大湾区绿色金融产品服务标准。参照一般金融产品标准，制定统一的大湾区绿色金融产品标准技术要素指引应包括以下几方面内容：清晰简明、通俗易懂的产品名称；可以遵照执行的金融机构（提供主体）范畴；产品主要的服务对象（包括投资主体、融资主体）；产品支持的绿色领域和服务功能；产品消费纠纷处理和消费者权益保护；产品风险防范处置；产品适用地域范畴等。

④健全完善大湾区绿色金融评估认证标准。在绿色金融评估认证工作的信息披露方面，建立第三方认证机构评估方法、评估标准、内控制度、内控流程等信息的公示机制，明确评估认证报告的最低信息披露要求。在申请人权益保护方面，借鉴

香港特别行政区《认证计划》的相关内容，协调大湾区相关部门，研究出台绿色金融认证异议处理机制，尤其是异地异议处理机制，明确异议、投诉处理流程和有关赔付标准等。明确认证机构在认证全过程中需要向认证主体告知的信息内容和方式等。

（2）推进绿色金融产品创新且多元化

近年来，我国相继推出了绿色信贷、绿色保险、绿色证券等政策，但我国绿色金融体系中除绿色信贷外，其他种类的绿色金融产品都没有得到有效的发展，各产品之间缺乏较强的相互作用。应当鼓励各金融机构加强重视除绿色信贷外其他类绿色金融产品的发展，并要借鉴国外绿色金融的发展经验。

通过建设绿色金融产品交易网站、与银行合作推广其他各类绿色金融产品、定期开展绿色金融产品知识讲座等措施大力发展其他种类的绿色金融产品，创新绿色金融产品与服务，满足不同绿色项目的定制化需要。另外，政府可以采取类似于国债的税收优惠政策，同时可以尽量降低绿色贷款的贷款利率，使得绿色企业或绿色项目的融资难度得以降低。政府也可以鼓励发展各类绿色投资基金如 PPP 模式的绿色投资基金，为绿色企业、环保项目提供新型融资方式以筹措资金。在推动绿色产品创新的同时，应积极探索多元化绿色金融产品模式，基于粤港澳大湾区绿色金融发展实际，根据绿色金融的特点和绿色经济要求探索多元化绿色金融产品模式。各地区应根据当地资本市场的实际发展状况，合理推行各类绿色金融产品与服务，利用多种融资工具，促进绿色金融结构的多元化，更要适时地提出具有地方特色的绿色金融发展手段，因地制宜地进行多元化绿色金融产品的探索和实施。探索多元化绿色金融产品模式，对于粤港澳大湾区绿色金融发展有着重要的影响，同时也是提高粤港澳大湾区绿色金融发展质量的关键。

（3）建设绿色金融信息分享机制

绿色金融的落实涉及各个部门和诸多产业，跨领域性质较强，若各相关主体的信息是闭塞的，或者非透明的，其参与者需具备复合知识技能，则存在信息不对称性，因而各个主体间的协同互助效应将会减弱，导致绿色金融政策实施的效果下降。故应加强信息共享，增强横向联系，提高披露水平，搭建相关平台。

①政府间与机构间应加强横向联系，协调整合来自生态环境部、人民银行、银保监会以及相关企业的各种信息，构建统一的信息共享平台，为各金融业务主体落实绿色金融业务提供较好的信息保障。绿色金融有关机构通过专业的信息收集、分析与评估能力，对潜在的投资项目进行甄别与选择，带动社会资源与资本优化配置。例如，绿色债券的第三方评估机构，通过对债券募集资金使用、募集资金管理及信息披露等因素的评估，给出债券绿色程度的结论，该信息可供市场投资者参考，实现信息传导的功能。

②相关投资人越来越关注企业的环境信息披露，对环境信息披露的量化处理工作要求越来越高。针对上市公司，证监会、证券交易所等机构应该在其市场准入条件中加入"绿色化"要求，明确规定上市公司在上市、配股以及增发等过程中必须披露环保信息，为上市公司的环境风险评估提供依据。针对非上市公司，则要发挥其所在行业的行业协会的带头示范作用，结合该行业的生产特点以及具体的节能减排的标准要求，督促各企业积极配合，对环保信息进行及时披露。

③搭建大湾区涵盖绿色信贷、绿色债券、绿色保险、绿色基金、碳金融、环境信息、绿色产业等在内的全口径"涉绿"信息共享平台；加快研究建立三地企业相关征信信息共享机制，构建信用监管体系，为大湾区绿色企业和绿色项目提供资金融通的"绿色通道"便利和其他相关激励措施。

（4）金融支持粤港澳大湾区绿色发展的机制

建立湾区绿色金融顶层布局要考虑粤港澳大湾区的行政特点，立足具体结构问题，同时根据绿色金融的特点以及绿色金融的发展做好顶层设计，破除行政壁垒，推动绿色金融的进行。

①构建完善的粤港澳大湾区绿色金融合作机制。可依托广州绿色金融改革示范区的重大优势，总结广州绿色金融改革创新试验区的发展成功经验，有选择地复制和推广成熟的模式，建立粤港澳大湾区绿色金融合作的体制机制，充分结合大湾区各区域经济发展的模式和产业发展状况，加强绿色金融产品的创新、绿色产业和项

目的认定、环境信息的公开。

②积极搭建大湾区环境权益交易金融服务平台。中国人民银行、财政部等七部委联合发布的《关于构建绿色金融体系的指导意见》明确指出，要建立完善环境权益交易市场、丰富融资工具，通过其他经济手段实现大湾区环境治理的战略目标，实现资源优化与合理配置。要充分发挥碳排放交易平台功能，着力搭建粤港澳大湾区环境权益、交易与金融服务平台。广州、深圳碳排放交易所在碳配额交易等方面具备较为成熟的经验，粤港澳大湾区权益交易可借助碳排放交易所成熟的交易平台，构建大湾区碳排放交易，积极摸索中国环境权益交易市场的交易，逐步完善定价机制与交易规则。

③支持香港特别行政区打造国际认可的绿色债券认证机构。要积极鼓励香港特别行政区打造粤港澳大湾区绿色金融中心，建设获得国际认可的绿色债券认证机构，充分发挥香港特别行政区国际金融中心的巨大基础优势，为绿色金融全球合作与服务创新奠定有力基础。同时，香港特别行政区可成为粤港澳大湾区与全球绿色发展互联互通的枢纽，帮助大湾区企业进行绿色融资，实现大湾区经济绿色转型升级。

④加大绿色金融组织机构创新。要求参照"赤道原则"设立专业绿色金融机构，完善绿色金融体系、中介机构和产学研相结合的协同创新中心，分别充分发挥绿色金融机构的专业化、创新性和全方位持续的绿色金融能力建设作用。

⑤建立并不断完善大湾区绿色金融发展的区域统筹协调机制，尽快完善推进大湾区绿色金融合作的组织领导体系。加快组建由国家金融管理部门会同广东省、香港特别行政区、澳门特别行政区地方政府相关职能部门参与的粤港澳大湾区绿色金融专项工作小组，建立推动大湾区合作的日常工作机制。推动三地政府协商签订《粤港澳绿色金融合作协议书》，对于建立定期沟通和日常联络渠道、商讨合作计划、协商问题解决程序等内容予以明确。

除上述建议外，在人才方面，还应加强大湾区绿色金融领域人力资源的储备和互联互通。充分利用中心城市的学术资源优势，加快推动绿色金融领域相关学科设置和三地绿色金融专业人才的联合培养，加强人才队伍建设。通过多种措施、多种渠道吸引境内外优秀人才加入大湾区绿色金融合作领域。金融机构可对现有员工进行专业培训，或是从国内外招聘熟悉国际绿色金融的专业高级人才。建立明确的人才梯队建设目标，并细化管理措施。在管理理念方面，通过先进理念的引入，推动整个绿色金融的发展。例如在绿色金融发展中应当及时引入区块链理念，使绿色金融能够以智慧化的形式体现。结合粤港澳大湾区的发展实际，以及金融发展的实际需求，智慧化发展是未来金融发展的重要趋势，也是解决金融发展问题的重要手段。在法律方面，政府仍需要建立健全绿色金融相关法律，从而使绿色金融体系更加适应产业结构向合理化、高级化方向调整。在绿色消费方面，建立多方互联互动机制，大力发展绿色消费，挖掘绿色消费的重点领域，构建完善的绿色消费法律体系，完善绿色标志和采购体系以促进绿色消费发展。加大绿色消费的宣传，提高绿色消费意识，调解能源消费结构性矛盾，加大对企业绿色研发力度和绿色文化建设的引导。

9.6　小结

实现粤港澳大湾区生态环境协同治理和绿色发展是落实《粤港澳大湾区发展规划纲要》的体现，也是努力建设成为世界一流湾区的必然要求。总体来说，如何实现大湾区协同一体化管理、对已有环境和体制问题的治理和改善以及将绿色发展思维带入到新项目的建设中是3个需要着重关注的问题点。

本章从大湾区生态环境协同治理和绿色发展遇到的问题出发，介绍了国外先进湾区经验，简述了《粤港澳大湾区发展规划纲要》中党中央国务院为大湾区绿色发展指明的方向。从区域可再生能源发展、区域大气污染联防联控、区域交通一体化和低碳交通体系建设、区域绿色产业与绿色金融发展4个角度切入，对大湾区实现生态环境协同治理和绿色发展提出了一系列贴近实际并具有一定可行性的政策建议和具体措施。

希望本章内容可以为政策制定者提供相关思路，为粤港澳大湾区建设成为国际一流湾区贡献一份力量。

参考文献

[1] 蔡春林. 粤港澳大湾区绿色发展设想[A]. 新兴经济体研究会、中国国际文化交流中心、广东工业大学. 新兴经济体研究会 2018 年会暨第 6 届新兴经济体论坛人类命运共同体论文集（上）[C]. 新兴经济体研究会、中国国际文化交流中心、广东工业大学：广东省新兴经济体研究会，2018：7.

[2] 李建平. 粤港澳大湾区协作治理机制的演进与展望[J]. 规划师，2017，33（11）：53-59.

[3] 张宇恒. 奋力促进粤港澳大湾区航运绿色发展先行[A]. 中国航海学会内河海事专业委员会. 2020 年海事管理学术年会优秀论文集[C]. 中国航海学会内河海事专业委员会，2020：4.

[4] 喻凯. 府际关系视角下的粤港澳大湾区协同治理研究[D]. 广州：中共广东省委党校，2019.

[5] 张宇恒. 奋力促进粤港澳大湾区航运绿色发展先行[A]. 中国航海学会内河海事专业委员会. 2020 年海事管理学术年会优秀论文集[C]. 中国航海学会内河海事专业委员会，2020：4.

[6] 于凤玲，李艳清. 广东省可再生能源发展现状及对策建议[J]. 江苏商论，2019（4）：113-115.

[7] 莫大喜，常凯，王维红. 广东发展可再生能源的政策选择[J]. 开放导报，2012（5）：46-49.

[8] 郑敏嘉，赵静波，钟式玉，等. 粤港澳大湾区能源体系建设的国际经验借鉴探讨[J]. 能源与节能，2020（5）：24-25.

[9] 尹东晓，张永霞，张文科. 云浮市借势借力融入大湾区发展新能源产业对策研究[J]. 全国流通经济，2020（31）：144-146.

[10] 王云峰. 粤港澳大湾区区域协同治理路径研究[J]. 学术探索，2020（8）：136-141.

[11] 麦国垚. 粤港澳大湾区大气污染协同治理法律问题研究[D]. 广州：广东外语外贸大学，2020.

［12］湛社霞．粤港澳大湾区常规大气污染物变化趋势与影响因素研究［D］．北京：中国科学院大学（中国科学院广州地球化学研究所），2018.

［13］廖程浩，曾武涛，张永波，等．美加跨境大气污染防控合作体制机制对粤港澳大湾区的启示［J］．中国环境管理，2019，11(5)：32-35.

［14］蔡岚．粤港澳大湾区大气污染联动治理机制研究——制度性集体行动理论的视域［J］．学术研究，2019(1)：56-63，177-178.

［15］孙永旺，琚会艳，李琳，等．实施大气污染区域联防联控措施的建议［J］．资源节约与环保，2019(7)：45.

［16］李志勇．区域大气污染联防联控治理政策研究——以广东省佛山市为例［J］．节能与环保，2021(3)：34-35.

［17］杨贺，刘金平．区域大气污染联防联控治理政策建议［J］．现代商贸工业，2020，41(28)：36-37.

［18］林钰龙，孙超，韩广广．区域智慧交通一体化发展思考——以粤港澳湾区为例［A］．中国城市规划学会城市交通规划学术委员会．品质交通与协同共治——2019年中国城市交通规划年会论文集［C］．中国城市规划学会城市交通规划学术委员会：中国城市规划设计研究院城市交通专业研究院，2019：11.

［19］刘文伟．区域交通一体化规划整合［J］．交通世界（运输·车辆），2015(6)：12-13.

［20］何欢．建设低碳交通运输体系的战略问题［J］．民营科技，2018(5)：83.

［21］张付各，陈小洁．建设低碳交通运输体系的战略思考［J］．江西建材，2016(3)：233.

［22］徐琴．武汉市发展低碳交通的思考和对策［J］．价值工程，2019，38(36)：125-126.

［23］冯飞．低碳经济环境下交通运输业的发展策略探析［J］．城市建设理论研究（电子版），2020(17)：91，85.

［24］王冬辉．基于低碳模式的城市交通优化研究［J］．石河子科技，2020(5)：44-46.

［25］刘卫国．绿色低碳理念下现代城市交通规划措施分析［J］．住宅与房地产，2020(32)：195-196.

［26］龚昌游，龚大卫．绿色低碳理念下现代城市交通规划策略［J］．城市住宅，2020，27(12)：130-131.

［27］何欢．建设低碳交通运输体系的战略问题［J］．民营科技，2018(5)：83.

[28] 蔡春林. 粤港澳大湾区绿色发展设想[A]. 新兴经济体研究会、中国国际文化交流中心、广东工业大学. 新兴经济体研究会2018年会暨第6届新兴经济体论坛人类命运共同体论文集(上)[C]. 新兴经济.

[29] 赵秀娟. 粤港澳大湾区实现绿色发展的机制与政策——基于与国际其他湾区的比较[J]. 中国市场,2020(20):7-9.

[30] 翁伯琦,林怡. 促进高效生态农业发展 推动乡村绿色产业振兴[N]. 闽东日报,2021-03-24(4).

[31] 沈静,曹媛媛. 粤港澳大湾区产业绿色化升级研究[A]. 中国地理学会经济地理专业委员会. 2019年中国地理学会经济地理专业委员会学术年会摘要集[C]. 中国地理学会经济地理专业委员会:中国地理学会,2019:1.

[32] 莫锋. 粤港澳大湾区绿色金融标准化体系建设的思路和路径[J]. 广东经济,2020(10):64-71.

[33] 肖营. 金融支持粤港澳大湾区绿色发展的机制研究[J]. 经济研究导刊,2021(4):41-43.

[34] 陈慧莹. 绿色金融发展对产业结构调整影响的空间效应研究[D]. 北京:中国矿业大学,2020.

[35] 姜剑涛. 粤港澳大湾区绿色金融发展研究[J]. 市场论坛,2018(8):49-51.